国家示范性高职院校建设项目成果教材

中央控制室操作

主　编　杨晓杰　李　强
副主编　韩长菊　段　波

武汉理工大学出版社
·武汉·

内容提要

本书是国家示范性高职院校建设项目成果,由校企合作编写。全书由生产运行准备、生料制备操作、煤粉制备操作、熟料煅烧操作、水泥制成操作5个项目及19个细分工作任务组成,介绍了岗位职责、生产工艺流程、主要设备、主要控制参数、正常开停车、紧急停车、事故停车、正常运行控制、常见故障的分析处理等内容,并将实训项目融入每个任务中,构建了基于工作过程和职业工作领域、以工作项目任务为架构的课程内容体系。

本书可作为高等职业、中等职业院校及技工学校无机非金属材料专业及相关专业的教材,也可作为水泥企业职工的培训教材。

图书在版编目(CIP)数据

中央控制室操作/杨晓杰,李强主编.—武汉:武汉理工大学出版社,2010.10
ISBN 987-7-5629-3249-9

Ⅰ.① 中…
Ⅱ.① 杨… ② 李…
Ⅲ.① 水泥-控制设备-操作
Ⅳ.① TQ172.6

中国版本图书馆 CIP 数据核字(2010)第 204454 号

出版发行:武汉理工大学出版社
武汉市洪山区珞狮路 122 号 邮编:430070
http://www.techbook.com.cn
印 刷 者:武汉远浩彩色包装印务有限公司
经 销 者:各地新华书店
开   本:787×1092 1/16
印   张:12.25
字   数:306 千字
版   次:2010 年 10 月第 1 版
印   次:2010 年 10 月第 1 次印刷
印   数:1~3000 册
定   价:22.00 元

凡购本书,如有缺页、倒页、脱页等印装质量问题,请向出版社发行部调换。
本社购书热线电话:(027)87394412 87383695 87384729
版权所有,盗版必究。

前　言

　　随着水泥生产新工艺、新技术、新设备及操作控制手段日益更新,原有的无机非金属材料工程类专业教材已不能满足学校相关专业教学的要求,为贯彻教育部、财政部《关于实施国家示范性高等职业院校建设计划,加快高等职业教育改革与发展的意见》(教高[2006]14号)和《关于全面提高高等职业教育教学质量的若干意见》(教高[2006]16号)精神,满足无机非金属材料工程技术、材料工程技术、硅酸盐工艺及工业控制等专业的职业技术教育教学的要求,我们组织编写了本教材。

　　本教材由校企合作编写,从无机非金属材料技术岗位中央控制室操作工的实际工作过程入手,结合生产任务、能力训练要求和职业资格标准,分析所需的知识、能力和素质,遵循学生职业能力培养的基本规律,以职业能力培养为重点,整合、序化教学内容,开发了5个项目19个工作任务,并将实训项目融入每个任务中,构建了基于工作过程和职业工作领域、以工作项目任务为架构的课程内容体系。全书由生产运行准备、生料制备操作、煤粉制备操作、熟料煅烧操作、水泥制成操作5个项目组成,介绍了岗位职责、生产工艺流程、主要设备、主要控制参数、正常开停车、紧急停车、事故停车、正常运行控制、常见故障的分析处理等内容。

　　本书由昆明冶金高等专科学校杨晓杰、李强主编,昆明冶金高等专科学校韩长菊、段波担任副主编。参加编写的人员还有:昆明冶金高等专科学校的唐越、殷萍、胡曰博、王军,山西职业技术学院的赵海晋,广西理工职业技术学校的农荣,云南国资水泥东骏有限公司等企业的专业技术人员赵培云、王建文、王兆兴等。在本书的编写过程中参考了有关专家的著作和论文,在此特向著作和论文的作者表示诚挚的感谢!

　　由于编者水平有限,加之编写时间仓促,且基于工作过程的课程改革对于高职院校来说还是新生事物,尚无成熟的经验可以借鉴,所以书中难免有疏漏和错误之处,希望广大读者和水泥行业的专家、同仁提出批评和改进意见。

编　者
2010年8月

目 录

项目 1 生产运行准备 ……………………………………………………………… (1)

任务 1 中央控制室操作员岗位职责 ……………………………………………… (1)
1.1 生料制备系统操作员岗位职责 …………………………………………… (1)
1.2 煤粉制备系统操作员岗位职责 …………………………………………… (1)
1.3 熟料煅烧系统操作员岗位职责 …………………………………………… (2)
1.4 水泥制成系统操作员岗位职责 …………………………………………… (2)

任务 2 水泥生产过程自动控制系统 ……………………………………………… (3)
2.1 测量仪表 …………………………………………………………………… (3)
   2.1.1 温度测量仪表 ……………………………………………………… (3)
   2.1.2 流量测量仪表 ……………………………………………………… (5)
   2.1.3 压力测量仪表 ……………………………………………………… (6)
   2.1.4 物位测量仪表 ……………………………………………………… (8)
   2.1.5 成分分析仪表 ……………………………………………………… (9)
2.2 水泥生产过程自动控制系统 ……………………………………………… (11)
   2.2.1 生料制备系统 ……………………………………………………… (11)
   2.2.2 煤粉制备系统 ……………………………………………………… (11)
   2.2.3 熟料煅烧系统 ……………………………………………………… (12)
   2.2.4 水泥制成系统 ……………………………………………………… (13)
2.3 计算机集散控制的一般知识 ……………………………………………… (13)

任务 3 新型干法水泥生产过程控制流程 ………………………………………… (14)
3.1 新型干法水泥生产工艺 …………………………………………………… (14)
   3.1.1 破碎及预均化 ……………………………………………………… (14)
   3.1.2 生料制备 …………………………………………………………… (14)
   3.1.3 生料均化 …………………………………………………………… (14)
   3.1.4 预热分解 …………………………………………………………… (15)
   3.1.5 水泥熟料的烧成 …………………………………………………… (15)
   3.1.6 水泥粉磨 …………………………………………………………… (15)
   3.1.7 水泥包装 …………………………………………………………… (15)
3.2 控制流程图 ………………………………………………………………… (17)
   3.2.1 常用字母代号及仪表位号 ………………………………………… (17)
   3.2.2 生产过程控制流程图 ……………………………………………… (17)

项目实训 ……………………………………………………………………………… (24)
思考题 ………………………………………………………………………………… (24)

项目小结 ……………………………………………………………… (25)
完成项目评价 …………………………………………………………… (26)

项目2 生料制备操作 ……………………………………………………… (27)

任务1 生料制备系统运行前的准备 ……………………………………… (27)
  1.1 中卸磨系统运行准备 ……………………………………………… (27)
    1.1.1 中卸磨系统工艺流程 ………………………………………… (27)
    1.1.2 中卸磨系统主要控制参数 …………………………………… (29)
    1.1.3 中卸磨系统主要设备 ………………………………………… (29)
  1.2 立式磨系统运行准备 ……………………………………………… (36)
    1.2.1 立式磨系统工艺流程 ………………………………………… (36)
    1.2.2 立式磨系统主要控制参数 …………………………………… (36)
    1.2.3 立式磨系统主要设备 ………………………………………… (37)
  1.3 生料均化系统运行准备 …………………………………………… (41)
    1.3.1 生料均化系统工艺流程 ……………………………………… (41)
    1.3.2 生料均化库 …………………………………………………… (42)

任务2 生料制备系统开停车操作 ………………………………………… (45)
  2.1 中卸磨系统开停车操作 …………………………………………… (45)
    2.1.1 中卸磨系统开车前的准备 …………………………………… (45)
    2.1.2 中卸磨系统开车操作 ………………………………………… (45)
    2.1.3 中卸磨系统停车操作 ………………………………………… (46)
    2.1.4 中卸磨系统试运转与正式投产 ……………………………… (47)
  2.2 立式磨系统开停车操作 …………………………………………… (48)
    2.2.1 立式磨系统开车前的准备 …………………………………… (48)
    2.2.2 立式磨系统开车操作 ………………………………………… (48)
    2.2.3 立式磨系统停车操作 ………………………………………… (48)

任务3 生料制备系统正常运行操作 ……………………………………… (49)
  3.1 中卸磨系统正常运行操作 ………………………………………… (49)
    3.1.1 中卸磨系统操作基本原则 …………………………………… (49)
    3.1.2 中卸磨系统主要控制参数 …………………………………… (50)
    3.1.3 中卸磨正常运行控制 ………………………………………… (51)
  3.2 立式磨正常运行操作 ……………………………………………… (51)
    3.2.1 立式磨生料制备系统的主要控制参数 ……………………… (51)
    3.2.2 立式磨调节参数与检测参数之间的关系 …………………… (52)
    3.2.3 立式磨系统正常运行控制 …………………………………… (53)
  3.3 生料均化系统正常运行操作 ……………………………………… (54)

任务4 生料制备系统常见故障处理 ……………………………………… (55)
  4.1 磨机故障处理 ……………………………………………………… (55)
    4.1.1 磨音异常 ……………………………………………………… (55)

  4.1.2 生料细度异常……(56)
  4.1.3 磨机设备异常……(56)
  4.1.4 磨机压力异常……(56)
  4.1.5 磨机温度异常……(57)
  4.1.6 磨机其他异常……(57)
 4.2 选粉机故障处理……(58)
  4.2.1 选粉机电流异常……(58)
  4.2.2 选粉机设备异常……(58)
 4.3 生料均化系统故障处理……(58)
  4.3.1 生料库设备异常……(58)
  4.3.2 罗茨风机异常……(59)
  4.3.3 生料库其他异常……(60)
项目实训……(60)
思考题……(61)
项目小结……(61)
完成项目评价……(62)

项目3　煤粉制备操作……(63)

任务1　煤粉制备系统运行准备……(63)
 1.1 风扫磨系统运行准备……(63)
  1.1.1 风扫磨系统工艺流程……(63)
  1.1.2 风扫磨系统重点控制参数……(64)
  1.1.3 风扫磨系统主要设备……(64)
 1.2 立式磨系统运行准备……(67)
  1.2.1 立式磨系统工艺流程……(67)
  1.2.2 立式磨系统重点控制参数……(69)
  1.2.3 立式磨系统主要设备……(69)

任务2　煤粉制备系统开停车操作……(71)
 2.1 煤粉制备系统开车前的检查与准备……(71)
 2.2 煤粉制备系统开停车注意事项……(72)
 2.3 煤粉制备系统正常开停车……(72)
  2.3.1 风扫磨系统正常开停车……(72)
  2.3.2 立式磨系统正常开停车……(73)
 2.4 煤粉制备系统紧急停车……(73)
  2.4.1 紧急停车情况……(73)
  2.4.2 紧急停车操作……(74)

任务3　煤粉制备系统正常运行操作……(74)
 3.1 煤粉制备系统操作的基本原则……(74)
 3.2 煤粉制备系统主要控制参数……(75)

        3.2.1 风扫磨系统主要控制参数……………………………………………(75)
        3.2.2 立式磨系统主要控制参数……………………………………………(75)
    3.3 正常运行控制………………………………………………………………(76)
        3.3.1 风扫磨系统正常运行控制……………………………………………(76)
        3.3.2 立式磨系统正常运行控制……………………………………………(77)
任务4 煤粉制备系统常见故障处理………………………………………………(79)
    4.1 温度异常处理………………………………………………………………(79)
        4.1.1 入磨气体温度过高……………………………………………………(79)
        4.1.2 出磨气体温度过高……………………………………………………(80)
        4.1.3 出磨气体温度急剧升高………………………………………………(80)
        4.1.4 出磨气体温度过低……………………………………………………(80)
        4.1.5 煤粉仓内温度上升报警………………………………………………(80)
        4.1.6 煤磨电收尘出口气体温度过高………………………………………(81)
        4.1.7 煤磨电收尘灰斗温度过高……………………………………………(81)
        4.1.8 主轴温度高……………………………………………………………(81)
        4.1.9 减速机轴温高…………………………………………………………(81)
    4.2 压力异常处理………………………………………………………………(82)
        4.2.1 立式磨进出口压差过大………………………………………………(82)
        4.2.2 立磨进出口气体压差过低……………………………………………(82)
        4.2.3 磨压差急剧上升………………………………………………………(82)
        4.2.4 出磨负压偏高…………………………………………………………(83)
        4.2.5 磨尾排风机入口负压过高……………………………………………(83)
        4.2.6 磨尾收尘器入口负压过高……………………………………………(83)
    4.3 电流异常处理………………………………………………………………(83)
        4.3.1 选粉机电流过高………………………………………………………(83)
        4.3.2 磨机电流过大…………………………………………………………(84)
    4.4 细度异常处理………………………………………………………………(84)
        4.4.1 出磨煤粉细度过粗……………………………………………………(84)
        4.4.2 出磨煤粉细度过细……………………………………………………(84)
    4.5 磨音异常处理………………………………………………………………(85)
        4.5.1 磨音过低………………………………………………………………(85)
        4.5.2 磨音过高………………………………………………………………(85)
        4.5.3 磨音记录为刺状曲线…………………………………………………(85)
        4.5.4 磨音记录曲线上有明显峰值…………………………………………(86)
    4.6 煤粉水分异常………………………………………………………………(86)
        4.6.1 煤粉水分过大…………………………………………………………(86)
        4.6.2 煤粉水分过低…………………………………………………………(86)
    4.7 磨机振动故障处理…………………………………………………………(86)
        4.7.1 立磨振动突然增大……………………………………………………(86)

4.7.2　立磨振动跳停 (87)
4.8　吐渣过多 (87)
4.9　设备故障停车处理 (88)
　　4.9.1　部分设备跳停 (88)
　　4.9.2　系统全部设备紧急停车 (88)
4.10　其他异常情况处理 (89)
　　4.10.1　选粉机速度失控 (89)
　　4.10.2　煤粉仓内煤粉外逸 (89)
　　4.10.3　防爆阀破裂 (89)
　　4.10.4　预防和处理煤粉制备系统燃烧爆炸事故 (89)
项目实训 (90)
思考题 (92)
项目小结 (92)
完成项目评价 (93)

项目4　熟料煅烧操作 (94)

任务1　熟料煅烧系统运行准备 (94)

1.1　熟料煅烧系统工艺流程 (94)
　　1.1.1　熟料煅烧系统的发展及其组成 (94)
　　1.1.2　熟料煅烧系统工艺流程 (94)
1.2　烧成系统的主要监测点 (95)
1.3　烧成系统的重点监控参数 (96)
1.4　烧成系统主要设备 (97)
　　1.4.1　悬浮预热器 (97)
　　1.4.2　分解炉 (99)
　　1.4.3　回转窑 (101)
　　1.4.4　篦冷机 (102)
　　1.4.5　煤粉燃烧器 (103)

任务2　熟料煅烧系统开停机操作 (104)

2.1　中控室操作的一般原则 (104)
2.2　操作前的准备工作 (105)
2.3　确认事项 (105)
2.4　开车操作 (106)
　　2.4.1　冷窑点火开车顺序 (106)
　　2.4.2　热窑组启动顺序 (106)
2.5　回转窑点火 (107)
　　2.5.1　回转窑点火前的准备工作 (107)
　　2.5.2　回转窑点火升温 (107)
　　2.5.3　投料运转 (108)

2.6 熟料煅烧系统停车操作 …………………………………………… (110)
    2.6.1 正常停车顺序 ………………………………………………… (110)
    2.6.2 正常停车操作 ………………………………………………… (110)
    2.6.3 故障停车和重新启动 ………………………………………… (111)

任务3 熟料煅烧系统正常运行操作 …………………………………… (113)
3.1 预分解窑系统调节控制参数 …………………………………… (113)
3.2 预分解窑风、煤、料和窑速的合理控制 ……………………… (115)
    3.2.1 窑和分解炉风量的合理分配 ………………………………… (115)
    3.2.2 窑和分解炉用煤分配比例 …………………………………… (116)
    3.2.3 窑速和窑喂料量成正比关系 ………………………………… (116)
    3.2.4 风、煤、料和窑速合理匹配是烧成系统操作的关键 ……… (116)
3.3 正常操作下过程变量的控制 …………………………………… (116)
    3.3.1 窑主传动负荷 ………………………………………………… (117)
    3.3.2 入窑物料温度及最末级旋风筒出口温度 …………………… (117)
    3.3.3 出预热器一级旋风筒温度和高温风机出口O_2含量 ……… (117)
    3.3.4 入炉三次风温与冷却机一室篦下压力 ……………………… (117)
    3.3.5 窑头罩负压 …………………………………………………… (118)
    3.3.6 烧成带物料温度 ……………………………………………… (118)
    3.3.7 窑尾气体温度 ………………………………………………… (118)
    3.3.8 窑尾袋(电)收尘器入口气体温度 …………………………… (118)
    3.3.9 窑筒体温度 …………………………………………………… (118)
    3.3.10 最上一级及最下一级旋风筒出口负压 …………………… (118)
    3.3.11 窑速及生料喂料量 ………………………………………… (119)
    3.3.12 窑尾、分解炉出口或预热器出口气体成分 ……………… (119)
    3.3.13 氧化氮(NO_x)浓度 ………………………………………… (119)

任务4 熟料煅烧系统常见故障处理 …………………………………… (120)
4.1 温度异常处理 …………………………………………………… (120)
    4.1.1 烧成温度低,窑尾温度高 …………………………………… (120)
    4.1.2 烧成温度高,窑尾温度低 …………………………………… (121)
    4.1.3 烧成温度低,窑尾温度低 …………………………………… (121)
    4.1.4 烧成温度高,窑尾温度高 …………………………………… (121)
    4.1.5 窑尾温度过高 ………………………………………………… (122)
    4.1.6 窑尾温度降低 ………………………………………………… (123)
    4.1.7 C_1旋风筒出口温度上升 …………………………………… (123)
    4.1.8 分解炉出口温度过高 ………………………………………… (124)
    4.1.9 分解炉出口温度降低 ………………………………………… (124)
    4.1.10 二次风温及三次风温变化 ………………………………… (125)
    4.1.11 冷却机篦板温度偏高 ……………………………………… (125)
    4.1.12 冷却机出料温度偏高

  4.1.13　冷却机余风温度过高 …………………………………………… (126)
  4.1.14　窑体托轮瓦温过高 ……………………………………………… (126)
 4.2　压力异常处理 …………………………………………………………… (126)
  4.2.1　窑尾负压增大 …………………………………………………… (126)
  4.2.2　窑尾负压过低 …………………………………………………… (127)
  4.2.3　窑头出现正压 …………………………………………………… (127)
  4.2.4　各级预热器出口气体压力过高 ………………………………… (127)
  4.2.5　高温风机入口气体压力过高 …………………………………… (128)
  4.2.6　窑头收尘器进出口气体压差过高 ……………………………… (128)
 4.3　电流异常处理 …………………………………………………………… (128)
  4.3.1　窑电流逐渐升高 ………………………………………………… (128)
  4.3.2　窑电流逐渐降低 ………………………………………………… (129)
  4.3.3　窑电流突然升高,然后突然下降 ……………………………… (129)
  4.3.4　窑电流缓慢升高 ………………………………………………… (129)
  4.3.5　窑电流缓慢升高且有突然波动 ………………………………… (129)
  4.3.6　窑电流突然升高很多,然后逐渐下降 ………………………… (130)
  4.3.7　窑转一圈电流差逐渐变小 ……………………………………… (130)
  4.3.8　窑转一圈电流差变大 …………………………………………… (130)
 4.4　气体分析异常处理 ……………………………………………………… (130)
  4.4.1　窑尾 CO 超标 …………………………………………………… (130)
  4.4.2　分解炉出口 CO 含量超标 ……………………………………… (131)
 4.5　异常窑况处理 …………………………………………………………… (131)
  4.5.1　窑内产生黏散料 ………………………………………………… (131)
  4.5.2　预热器旋风筒锥体或下料管堵塞 ……………………………… (132)
  4.5.3　箅冷机堆雪人或入料口堵塞 …………………………………… (133)
  4.5.4　窑跑生料 ………………………………………………………… (133)
  4.5.5　熟料过烧或烧流 ………………………………………………… (134)
  4.5.6　窑内结球 ………………………………………………………… (135)
  4.5.7　窑内结圈 ………………………………………………………… (136)
  4.5.8　预热器塌料 ……………………………………………………… (137)
  4.5.9　掉窑皮(垮圈) …………………………………………………… (137)
  4.5.10　红窑 …………………………………………………………… (138)
  4.5.11　冷却机箅下风室堵死 ………………………………………… (138)
  4.5.12　冷却机箅床上出现"红河" …………………………………… (138)
 4.6　设备跳停 ………………………………………………………………… (139)
  4.6.1　窑头一次风机跳停 ……………………………………………… (139)
  4.6.2　喷煤系统跳停 …………………………………………………… (139)
  4.6.3　冷却机箅床跳停 ………………………………………………… (139)
  4.6.4　冷却机风机跳停 ………………………………………………… (140)

4.6.5　窑头收尘器引风机跳停 ………………………………………… (140)
　　4.6.6　冷却机的破碎机跳停 …………………………………………… (140)
　　4.6.7　冷却机出口链斗机跳停 ………………………………………… (141)
项目实训 ……………………………………………………………………… (141)
思考题 ………………………………………………………………………… (142)
项目小结 ……………………………………………………………………… (142)
完成项目评价 ………………………………………………………………… (144)

项目 5　水泥制成操作 …………………………………………………… (145)

任务 1　水泥制成系统运行准备 …………………………………………… (145)
　1.1　管磨系统运行准备 …………………………………………………… (145)
　　1.1.1　管磨系统工艺流程 ……………………………………………… (145)
　　1.1.2　管磨系统主要控制参数 ………………………………………… (147)
　　1.1.3　管磨系统主要设备 ……………………………………………… (147)
　1.2　辊压机系统运行准备 ………………………………………………… (151)
　　1.2.1　辊压机系统工艺流程 …………………………………………… (151)
　　1.2.2　辊压机系统主要控制参数 ……………………………………… (153)
　　1.2.3　辊压机系统主要设备 …………………………………………… (153)

任务 2　水泥制成系统开停车操作 ………………………………………… (157)
　2.1　水泥制成系统开车前的检查与准备 ………………………………… (157)
　　2.1.1　现场设备的检查 ………………………………………………… (157)
　　2.1.2　现场仪表的检查 ………………………………………………… (158)
　　2.1.3　水泥库进料前的检查 …………………………………………… (158)
　2.2　水泥制成系统正常开停车 …………………………………………… (159)
　　2.2.1　管磨系统正常开停车 …………………………………………… (159)
　　2.2.2　辊压机系统正常开停车 ………………………………………… (160)
　　2.2.3　水泥制成系统故障停车和紧急停车 …………………………… (162)

任务 3　水泥制成系统正常运行操作 ……………………………………… (162)
　3.1　水泥制成系统操作基本原则 ………………………………………… (162)
　3.2　水泥制成系统主要控制参数 ………………………………………… (163)
　　3.2.1　管磨系统主要控制参数 ………………………………………… (163)
　　3.2.2　辊压机系统主要控制参数 ……………………………………… (163)
　3.3　水泥制成系统正常运行控制 ………………………………………… (164)
　　3.3.1　主要控制参数的调节 …………………………………………… (164)
　　3.3.2　管磨系统正常运行控制 ………………………………………… (165)
　　3.3.3　辊压机系统正常运行控制 ……………………………………… (166)

任务 4　水泥制成系统常见故障处理 ……………………………………… (167)
　4.1　管磨系统常见故障处理 ……………………………………………… (167)
　　4.1.1　喂料量异常处理 ………………………………………………… (167)

4.1.2　压力异常处理 ·· (168)
　　4.1.3　温度异常处理 ·· (169)
　　4.1.4　电流异常处理 ·· (170)
　　4.1.5　回磨粗粉量异常处理 ·· (171)
　　4.1.6　水泥细度异常处理 ··· (171)
　　4.1.7　设备故障处理 ·· (172)
　4.2　辊压机系统故障处理 ·· (175)
　　4.2.1　辊压机辊缝异常 ·· (175)
　　4.2.2　辊压机温度异常 ·· (175)
　　4.2.3　辊压机电流异常 ·· (176)
　　4.2.4　辊压机进出料异常 ··· (176)
　　4.2.5　辊压机振动异常 ·· (177)
　　4.2.6　设备故障处理 ·· (177)
项目实训 ·· (178)
思考题 ··· (179)
项目小结 ·· (179)
完成项目评价 ··· (180)

参考文献 ··· (181)

项目1　生产运行准备

> **【项目描述】**
> 本项目的具体任务是熟悉水泥生产中央控制室岗位生料制备操作站主操、煤粉制备操作站主操、熟料煅烧操作站主操、水泥制成操作站主操的工作职责；熟悉水泥生产过程自动控制系统、控制设备及监测点；熟悉水泥生产全线控制系统。

任务1　中央控制室操作员岗位职责

任务描述：熟悉水泥生产中央控制室岗位生料制备操作站主操、煤粉制备操作站主操、熟料煅烧操作站主操、水泥制成操作站主操的工作职责。

知识目标：熟悉水泥生产中央控制室岗位工作职责。

能力目标：能正确描述水泥生产中央控制室岗位所要完成的任务和对操作人员的要求。

1.1　生料制备系统操作员岗位职责

① 遵守劳动纪律、厂规厂纪，工作积极主动，听从领导的调动和指挥，保质保量完成生料制备任务；

② 认真交接班，把本班运转和操作的情况以及存在的问题以文字形式交给下班，做到交班详细、接班明确；

③ 及时准确地填写运转和操作记录，按时填写工艺参数记录表，对开停车时间和原因要填写清楚；

④ 坚持合理操作，运转中注意各参数的变化，并及时调整，在保证安全运转的前提下，力争优质高产；

⑤ 严格执行操作规程及作业指导书，保证和现场的联系畅通，减少无负荷运转，保持负压操作，以降低消耗，保持环境卫生；

⑥ 负责记录表、记录纸、质量通知单的保管，避免丢失。

1.2　煤粉制备系统操作员岗位职责

① 煤粉制备系统在水泥生产中的主要任务是为窑系统供应所需煤粉，保证窑的连续运转；

② 煤粉制备操作员要学习并掌握系统工艺流程、各设备的工作原理及规格性能,对各测量仪表的位置及数值范围要了如指掌;

③ 掌握煤磨的开停车方法及正常运行时的参数;

④ 时刻注意系统的参数变化,发现异常及时采取措施,使系统运行在正常参数范围内;

⑤ 严禁正压操作和长时间超高温或超低温运行,以防系统内煤粉燃烧爆炸或结露堵塞;

⑥ 熟悉并掌握 CO_2 集中灭火装置及其使用方法;

⑦ 煤磨操作必须遵循"安全第一,预防为主"的方针,要处理好安全运转与产、质量的关系,后者要服从于前者。

1.3　熟料煅烧系统操作员岗位职责

① 遵守劳动纪律、厂规厂纪,听从中控室主任的调动和指挥,保质保量完成熟料制成任务;

② 认真交接班,把本班的运转和操作情况、存在问题等一切与生产有关的问题以文字形式详细记录,做到交班详细,接班明确;

③ 严格执行操作规程、ISO 9000 作业指导书和点火投料方案,做好点火烘窑及升温控制工作,进入稳定运转后,要转换计算机自动控制;

④ 运转中随时注意参数的变化,密切注意烧成带筒体温度及窑主电机功率及电流的变化,并及时调整,在保证窑的安全运转前提下,力争节约水、电、煤等能源资源;

⑤ 合理操作,保证负压,防正压造成扬尘,以减少污染物排放;

⑥ 负责记录纸、记录表、质量通知单的保管,避免丢失。

1.4　水泥制成系统操作员岗位职责

① 遵守劳动纪律、厂规厂纪,听从领导的调动和指挥,保质保量完成水泥制成任务;

② 认真交接班,把本班运转和操作的情况以及存在的问题以文字形式交给下班,做到交班详细,接班明确;

③ 及时准确地填写运转和操作记录,按时填写工艺参数记录表,对开停车时间和原因要填写清楚;

④ 坚持合理操作,运转中注意各参数的变化,并及时调整,在保证安全运转的前提下,力争优质高产;

⑤ 严格执行操作规程及 ISO 9000 作业指导书,保证和现场的联系畅通,减少无负荷运转,保持负压操作,以降低消耗,保持环境卫生;

⑥ 负责记录纸、记录表、质量通知单的保管,避免丢失。

任务 2 水泥生产过程自动控制系统

任务描述：熟悉各控制系统的测量仪表；熟悉水泥生产过程自动控制系统。
知识目标：了解测量仪表的结构、原理和作用；了解水泥生产过程自动控制系统的作用。
能力目标：掌握水泥生产过程自动控制系统的基本原理，能根据监测数据调控测量仪表。

2.1 测量仪表

2.1.1 温度测量仪表

温度是表征物体冷热程度的一个物理量。在水泥生产过程中，煅烧是非常重要的工艺环节，煅烧时温度必须控制在一定范围内才能有效进行。因此，温度是水泥生产过程中的主要工艺参数。

2.1.1.1 接触式温度测量仪表

（1）热电阻

由导体或半导体制成的感温器件称为热电阻。热电阻测温基于导体或半导体的电阻值随温度变化的特性，其优点是信号能远传、灵敏度高、无需参比温度；缺点是需要电源激励，有自热现象。

工业用热电阻主要有铂热电阻和铜热电阻两种。铂热电阻精度高、体积小、测温范围宽（−200～850 ℃）、稳定性好、再现性好，但价格较贵，分度号分别为 Pt10 和 Pt100。铜热电阻线性好、价格低，但体积大、测温范围小（−50～150 ℃）、热响应慢，分度号分别为 Cu50 和 Cu100。

工业用热电阻的结构有普通型和铠装型两种，其结构分别如图 1.2.1 和图 1.2.2 所示。

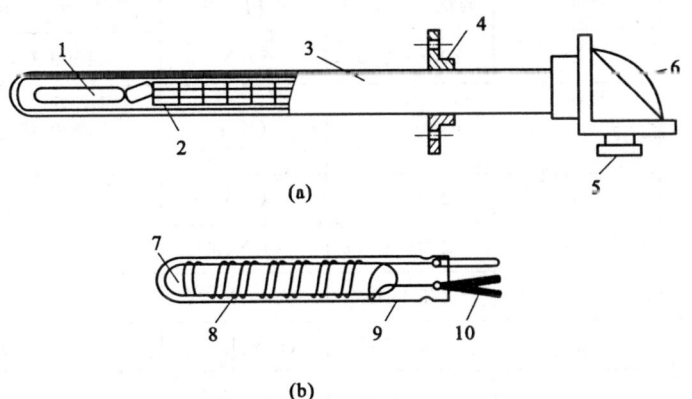

图 1.2.1 普通热电阻结构
1—电阻体；2—瓷绝缘套管；3—不锈钢套管；4—安装固定件；5—引线口；
6—接线盒；7—芯柱；8—电阻丝；9—保护膜；10—引线端

热电阻引线方式有二线制、三线制和四线制三种。

（2）热电偶

热电偶是温度测量时应用最普遍的测温器件之一，它是根据热电效应原理设计而成的，由两种不同的金属导体或半导体组成。它具有测温范围宽、性能稳定、测量精度高、结构简单、动态响应好、可以远传以及便于集中检测和自动控制等特点，能满足水泥生产过程温度测量的需要。

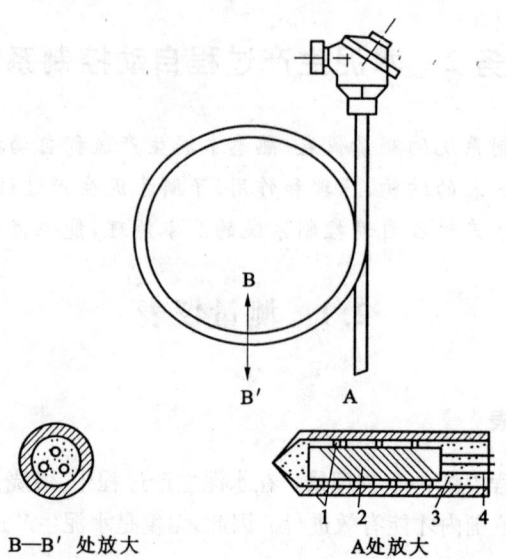

图 1.2.2 铠装热电阻结构

1—金属套管；2—感温元件；3—绝缘材料；4—引出线

实际测量温度时，热电偶的测温端（热端）置于被测温度处，参比端（冷端）要求保持恒定温度。在参比端温度为零时，用实验的方法测出不同热电偶在不同测温端温度下所产生的热电势，可得到对应的分度表，热电偶的分度表是热电偶测温的依据。

工业用热电偶的分类及性能见表 1.2.1。

表 1.2.1 工业用热电偶的分类及性能

名 称	分度号	测量范围(℃)	适用气氛	稳定性
铂铑$_{30}$-铂铑$_6$	B	200～1800	O、N	<1500 ℃,优；>1500 ℃,良
铂铑$_{13}$-铂	R	−40～1600	O、N	<1400 ℃,优；>1400 ℃,良
铂铑$_{10}$-铂	S			
镍铬-镍硅（铝）	K	−270～1300	O、N	中等
镍铬硅-镍硅	N	−270～1260	O、N、R	良
镍铬-康铜	E	−270～1000	O、N	中等
铁-康铜	J	−40～760	O、N、R、V	<500 ℃,优；>500 ℃,良
铜-康铜	T	−270～350	O、N、R、V	−170～200 ℃,优

注：适用气氛中 O 为氧化气氛，N 为中性气氛，R 为还原气氛，V 为真空。

工业用热电偶的结构有普通型和铠装型两种，普通型热电偶结构如图 1.2.3 所示。

热电偶参比端温度补偿的方法有补偿导线法、参比端温度测量计算法、参比端恒温法及补偿电桥法四种。

2.1.1.2 非接触式温度测量仪表

非接触式温度测量仪表的任何部分都不与被测对象接触。但由于具有一定温度的物体都会向外辐射能量，其辐射强度与物体的温度有关，所以可以通过测量辐射强度来确定物体的温

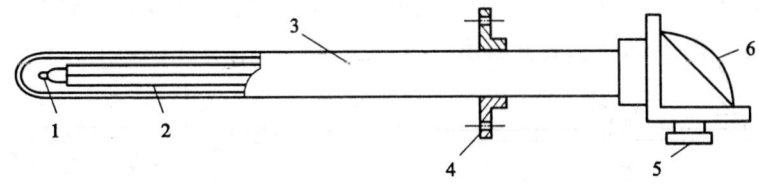

图 1.2.3 普通热电偶结构

1—热电偶接点；2—瓷绝缘套管；3—不锈钢套管；4—安装固定件；5—引出线；6—接线盒

度。常用的非接触式温度测量仪表有辐射高温计和光电高温计等,光电高温计结构示意图如图 1.2.4 所示。

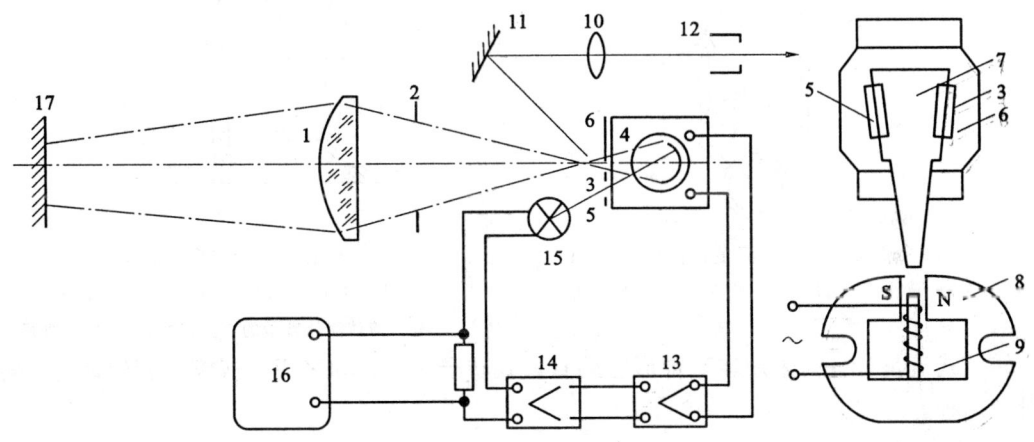

图 1.2.4 光电高温计结构示意图

1—物镜；2—孔径；3,5—孔；4—光电器件；6—遮光板；7—调制板；8—永久磁铁；9—激励绕组；10—透镜；11—反射镜；12—观察孔；13—前置放大器；14—主放大器；15—反馈灯；16—电位差计；17—被测物体

2.1.2 流量测量仪表

2.1.2.1 流量的概念

流量是指单位时间内流过某一流通截面的流体数量。流体数量用体积表示称为体积流量,单位为 m^3/s;流体数量用质量表示称为质量流量,单位为 kg/s。

在某段时间内流体通过的体积或质量总量称为累积流量或流过总量。

测量流量的仪表称为流量计,测量总量的仪表称为计量表。

2.1.1.2 常用流量测量仪表

(1) 差压式流量计

差压式流量计是利用流体流经节流装置时产生压力差的原理进行压力测量的。此压力差与流体流量之间有确定的数值关系,通过测量压差值可以求得流体流量。

差压式流量计由产生差压的装置和差压计组成,产生差压的装置有节流装置、动压管、均速管等,如图 1.2.5 所示。

节流装置的取压方式有角接取压、法兰取压、理论取压和径距取压等。

(2) 转子式流量计

转子式流量计是一种比较常用的流量测量仪表,适用于 150 mm 以下的中小管径、中小流量、低雷诺数的流量测量。它具有结构简单、直观、压力损失小、测量范围大、维修方便等优点。

转子式流量计主要由一根自下向上扩大的垂直锥形管和一支可以沿锥形管轴向上下自由移动的转子(浮子)组成,如图1.2.6所示。

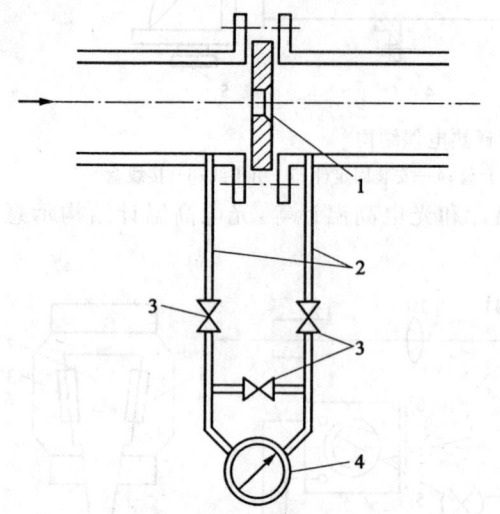

图1.2.5 差压式流量计的组成
1—节流元件;2—引压管;3—三阀组;4—差压计

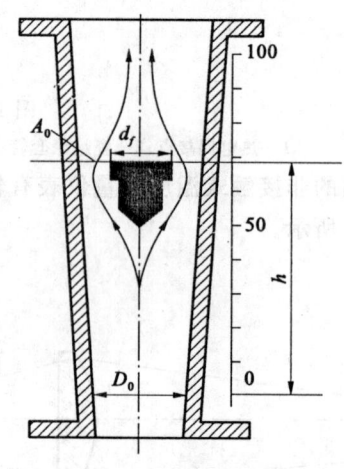

图1.2.6 转子式流量计
h—转子高度;D_0—锥形管下口直径;
A_0—流体流经转子的流通面积;d_f—转子直径

转子式流量计分为采用玻璃锥形管的直读式转子流量计和采用金属锥形管的远传式转子流量计两种。

(3) 椭圆齿轮流量计

椭圆齿轮流量计是容积式流量计的一种,主要用来测量不含固体杂质的流体流量,适宜于测量黏度较高的介质,其测量精度较高,可达0.5%,如图1.2.7所示。

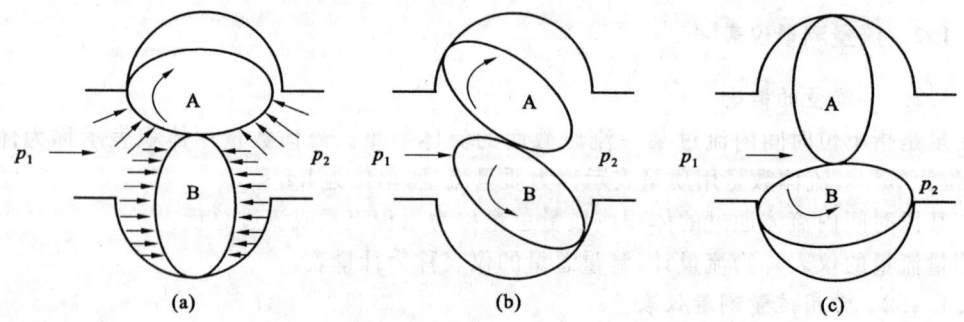

图1.2.7 椭圆齿轮流量计
A,B—椭圆齿轮

(4) 电磁流量计

电磁流量计是利用电磁感应定律工作的一种流量计。它用于测量导电液体的流量,压力损失小,可以测量脉动流量和双向流量,测量中流量计读数不受介质密度、黏度、压力等的影响,抗干扰能力强。

2.1.3 压力测量仪表

压力是水泥生产过程中的重要工艺参数之一,正确地测量和控制压力是保证生产过程良好运行的重要环节。另外,压力测量仪表还广泛应用于流量和物位的间接测量。

2.1.3.1 压力的概念及表示方法

(1) 压力的概念

垂直均匀作用于单位面积上的力称为压力,通常用 p 表示,单位为 Pa(帕),常用单位为 MPa(兆帕),$1\ Pa=1\ N/m^2$。

(2) 压力的表示方法

① 绝对压力:被测介质作用在容器表面积上的全部压力;
② 大气压力:由地球表面空气柱重量形成的压力;
③ 表压力:绝对压力与大气压力之差;
④ 真空度:绝对压力小于大气压力时,绝对压力与大气压力差值的绝对值;
⑤ 差压:两不同处的压力之差。

2.1.3.2 常用压力测量仪表

(1) 弹性压力计

弹性压力计利用弹性元件受压变形的原理进行测量。弹性元件在弹性限度内受压变形,其变形大小与外力成比例,外作用力取消后,元件将恢复原有形状。利用变形与外力的关系,对弹性元件的变形大小进行测量,可以求得被测压力的大小。

弹性压力计主要有弹簧管压力计和波纹管差压计,弹簧管压力计结构如图 1.2.8 所示。

(2) 活塞式压力计

活塞式压力计是基于静力平衡原理进行压力测量的,是负荷式压力计。它是校验、标定压力表和压力传感器的标准仪器,也是一种标准压力发生器,其结构示意图如图 1.2.9 所示。

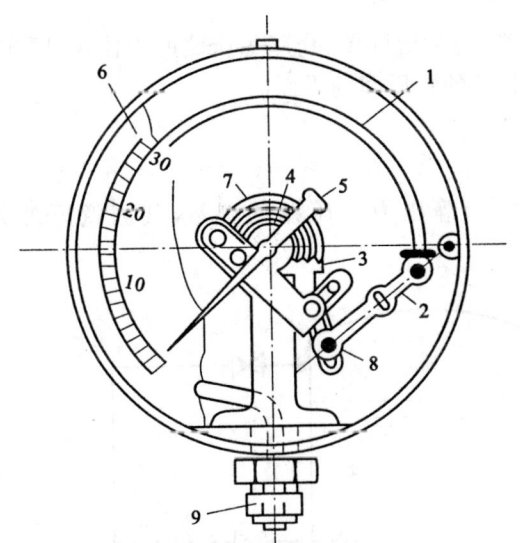

图 1.2.8 弹簧管压力计结构

1—弹簧管;2—拉杆;3—扇形齿轮;4—中心齿轮;
5—指针;6—面板;7—游丝;8—调整螺钉;9—接头

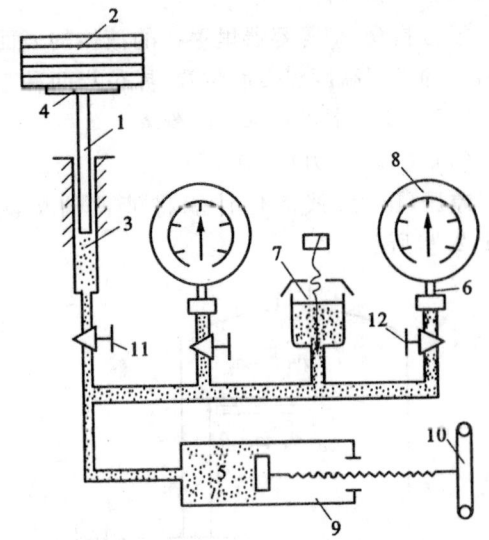

图 1.2.9 活塞式压力计结构示意图

1—活塞;2—砝码;3—活塞缸;4—承重盘;5—油;6—表接头;
7—油杯;8—被校压力表;9—加压泵;10—手轮;11,12—阀

(3) 应变片式压力传感器

能够检测压力并提供远传信号的装置称为压力传感器。应变元件与弹性元件组成应变片式压力传感器。应变元件的工作原理是基于导体或半导体的"应变效应"的,即当导体或半导体材料发生机械变形时,其电阻值将发生变化。应变片或应变丝粘贴在弹性元件上,在弹性元件受压变形的同时应变元件亦发生应变,其电阻值将有相应的改变,如图 1.2.10 所示。

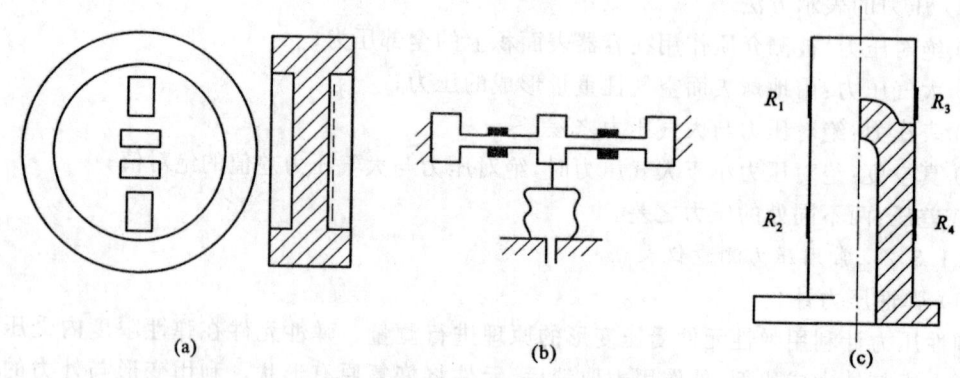

图 1.2.10 应变片式压力传感器
(a) 圆膜片;(b) 弹性梁;(c) 应变筒

2.1.4 物位测量仪表

2.1.4.1 物位的概念

物位统指设备和容器中液体或固体物料的表面位置。对应不同性质的物料具体可以分为液位、料位、界位。

液位指仓、槽等容器里存在的液体的表面位置;料位指堆场、仓库等所储的固体块、颗粒、粉料等的堆积高度和表面位置;界位指两种互不相溶的物质间的界面。

2.1.4.2 常用物位测量仪表

(1) 差压(压力)式液位计

差压(压力)式液位计能将液位的检测转换为静压力或压差的测量,其测量原理如图 1.2.11 所示。

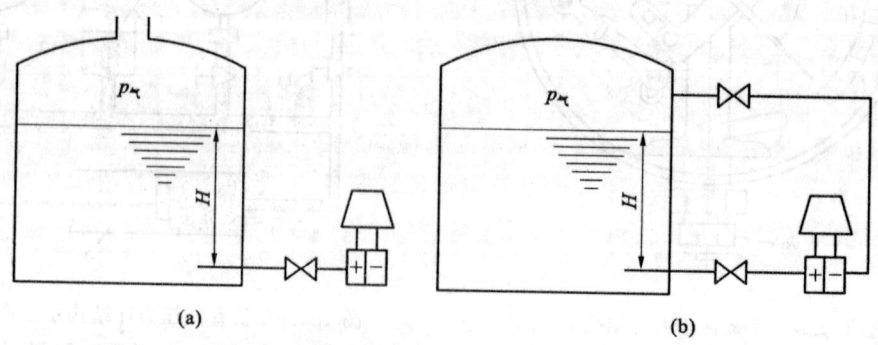

图 1.2.11 差压(压力)式液位计测量原理
(a) 敞开容器;(b) 密闭容器
H—液位高度

(2) 浮标式液位计

浮子漂浮于液面上,随着液位的升降,浮子的位置随之发生变化,并经过钢丝直接由标尺及指针读出。常见的重锤式直读浮标液位计测量原理如图 1.2.12 所示。

(3) 浮筒式液位计

浮筒式液位计中,作为检测元件的浮筒为圆柱形,部分沉浸在液体中,利用浮筒被浸没高度不同引起的浮力变化来测量液位,其测量原理如图 1.2.13 所示。

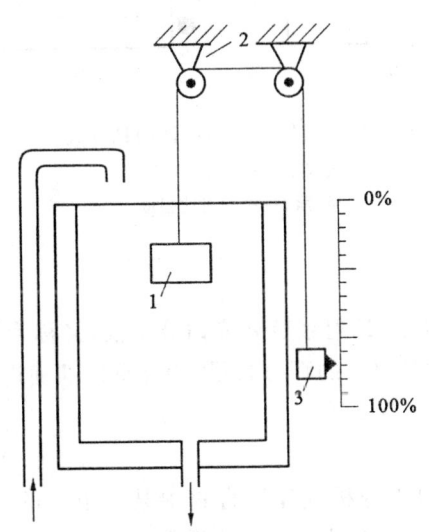

图 1.2.12　重锤式直读浮标液位计测量原理
1—浮子;2—滑轮;3—平衡重锤

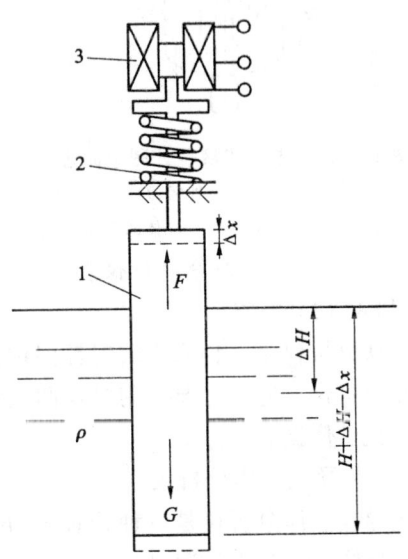

图 1.2.13　浮筒式液位计测量原理
1—浮筒;2—弹簧;3—差动变压器
F—浮力;G—重力;H—浮筒浸入深度;
Δx　浮筒位置变化量或弹簧的位移量;
ρ—液体密度;ΔH—液位变化量

(4) 电容式液位计

任何两个相互绝缘的导电材料做成的平行板、平行圆柱面,甚至不规则面,中间隔以不导电介质,就能组成电容器。中间隔以不同的不导电介质时,电容量也随之变化。因此,可以通过测量电容量的变化来测量液位、料位和界位,其测量原理如图 1.2.14 所示。

(5) 核辐射式物位计

射线射入一定厚度的介质时,其强度会随所通过介质厚度的增加呈指数规律衰减,测量射线的强度可以确定穿过物料的厚度。核辐射式物位计就是利用这一原理设计的,其测量原理如图 1.2.15 所示。图 12.15(a)采用线状放射源和探测器,测量范围较大;图 1.2.15(b)采用点式放射源和探测器,测量范围较小。

2.1.5　成分分析仪表

2.1.5.1　成分分析的方法

(1) 定期取样,即利用实验室分析仪表测定被测物质的含量或性质的分析方法。
(2) 在线分析,即利用在线分析仪表连续测定被测物质的含量或性质的分析方法。

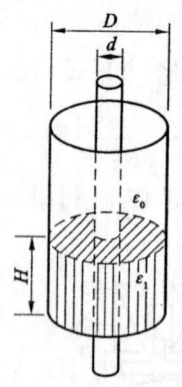 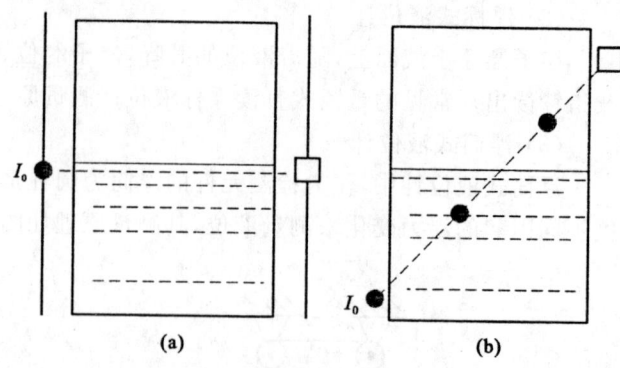

图 1.2.14 电容式液位计测量原理
D—外电极内径；d—内电极外径；H—液位高度；ε_0—气体的介电常数；ε_1—液体的介电常数

图 1.2.15 核辐射式物位计测量方式
(a) 线线结构；(b) 点点结构
I_0—通过物料前的射线强度；

2.1.5.2 常用成分分析仪表

(1) 钙铁分析仪

钙铁分析仪是一种采用放射性同位素作为辐射源的 X 射线荧光光谱分析仪，又称为 X 射线荧光分析仪。它的主要作用是检测生料中 CaO 和 Fe_2O_3 的百分含量，为计算机准确进行配料计算提供依据。

(2) 热导式气体分析仪

热导式气体分析仪是一种物理式分析仪，主要用于分析气体混合物中某一组分的含量。它利用气体混合物中待测组分的含量的变化将会引起气体混合物导热系数的变化，而导热系数的变化会导致热电阻阻值变化的特性，从而间接得到待测组分的含量。

(3) 红外线气体分析仪

红外线气体分析仪属于光学分析仪，它利用气体对不同红外线具有选择性吸收的特性，对多组分气体混合物中的 CO_2、CO、CH_4、C_2H_2、NH_3 等气体的含量进行测定。

(4) 氧化锆氧分析仪

氧化锆氧分析仪应用电化学分析方法，可以连续地分析烟气中的氧含量，以便了解和控制燃烧过程。

2.1.5.3 常用气体湿度和物料水分测量仪表

(1) 干湿球湿度计

干湿球湿度计应用十分广泛，常用于测量空气的相对湿度。

(2) 光电露点湿度计

在一定的压力下，气体中水汽达到饱和和结露时的温度称为露点温度，简称露点。露点温度与空气中的饱和水汽量有固定关系，所以可以用露点来表示绝对湿度。光电露点湿度计正是利用这种函数关系制成的。

(3) 湿敏传感器

湿敏传感器是利用材料的吸湿特性制成的湿敏元件构成的传感器。

2.2 水泥生产过程自动控制系统

2.2.1 生料制备系统

(1) 生料质量控制系统(QCS系统)

生料质量控制系统(QCS系统)在水泥生产中被广泛应用,它由智能在线钙铁荧光分析仪、计算机、调速电子皮带秤等组成。智能在线钙铁荧光分析仪可进行自动取样、制样,并进行连续测定,由QCS系统进行配料计算,并通过DCS系统对电子调速皮带秤下料量进行比例调节和成分控制,使生料三率值保持在目标值附近波动,从而大幅度提高生料的成分合格率和质量稳定性。中控的DCS系统可实现与QCS系统的互联,对生料质量进行有效的控制。

(2) 生料粉磨负荷控制系统

生料粉磨控制的控制难点在于磨机的负荷控制。当入料水分、硬度发生变化时,磨机会产生震动,同时主电机电流也会产生波动,影响磨机系统的稳定运行。生料粉磨负荷控制系统能通过调节入磨物料量及进口热风、冷风阀门,或采用喷水等措施控制磨差压及出口温度,来保证磨机处于负荷稳定的最佳粉磨状态,防止磨机震动过大。中控调节磨机负荷的方法有:一是设置一个入磨量常数,通过QCS系统自动设定喂料配比,通过建立数学模型来对喂料进行自动控制;二是以提升机功率作为主控或监控信号,适时调节喂料量。现在还有部分管磨系统主要通过电耳信号来自动调节磨机喂料量,防止出现饱磨或空磨现象。

(3) 生料均化系统

生料均化系统利用具有一定压力的空气对生料进行吹射,形成流态并进行下料。通常在库底划分不同区域,每个区域安装电磁充气阀,采用时间顺序控制策略,依据时序开停库底充气电磁阀,使物料流态化并翻腾搅拌,达到对生料库内不同区域内的生料进行均化的目的。

(4) 计量仓料量的自动控制系统

计量仓料量的自动控制系统利用计量仓的仓重信号自动调节生料库侧电动流量阀的开度,使称重仓的料量保持稳定,从而保证计量仓下料量的稳定。

(5) 生料均化库下料控制

在生产过程中,烧成带温度一般要求控制在一个合适的范围内,因为它对熟料的生产质量至关重要。将生料量、风机风量与烧成带温度结合起来设定生料下料量后,该系统能通过自动调节,利用固体流量计的反馈值自动调节计量仓下电动流量阀的开度,使生料稳定在设定值上,从而使得入窑的生料保持稳定,最终保障窑系统的稳定运行。

2.2.2 煤粉制备系统

(1) 出磨气体温度的自动控制

出磨气体的温度直接关系到出磨成品的水分和系统的安全运转。为了确保生产出合格的煤粉,同时还要保证系统温度不能过高,控制系统中设置了磨机出口气体温度自动控制回路,通过改变磨机进口冷风阀门开度控制磨机出口气体温度保持稳定。

(2) 磨机负荷自动控制

在管磨系统中,煤粉仓内煤粉量变化过大会影响煤粉喂料部分的计量精度。在正常生产过程中,煤粉仓中煤粉量应尽量保持恒定,同时也要保证磨机的正常安全运转,防止"满磨"。为此,中控采用了由磨机电耳信号自动调节磨头定量给料机喂料量的自动控制回路。

(3) 磨机防爆控制

煤磨系统最重要的一项工作就是对煤磨袋收尘的防爆控制。通常通过对入磨气体进行成分分析,当CO含量超标时进行一系列的安全保护操作,保证煤磨袋收尘的安全。

(4) 煤粉仓灭火控制

煤粉仓内的煤粉在一定情况下会出现自燃的现象,必须在煤粉仓内安装氮气灭火装置。当煤粉仓温度超过一定值时灭火装置自动启动,防止煤粉仓自燃。

2.2.3 熟料煅烧系统

(1) 分解炉喂煤量的计量与自动调节

分解炉的温度是保证回转窑正常运行的一个重要控制参数。在生料量不变时,燃料和空气的混合比例必要要正确控制。故必须对分解炉的温度进行计量,以便实现优化控制,并通过自动增减喂煤量对分解炉的温度进行调节,使其控制在所需要的设定值上。这样既能使分解炉保持最高的分解率,又不致使其因温度过高而导致生料黏结,影响窑系统的正常运行。

(2) 预热器出口压力调节

预热器出口压力是反映系统风量平衡的一个主要指标,中控主要通过调节高温风机阀门开度来实现预热器出口压力的控制。

(3) 预热器自动吹扫装置

预热器自动吹扫装置能使计算机按一定的时间顺序及规律定时接通相应的各级预热器电磁阀,轮流打开压缩空气管路,对预热器进行逐级吹扫,以防结皮堵塞影响预热器系统的正常运行。吹扫时间人工设定,一般为 5~20 s。

(4) 窑头负压自动控制

窑头负压表征窑内通风及冷却机入窑二次风之间的平衡。中控根据窑头负压自动调节电收尘器排风机进口阀门开度,以控制窑头二次风量、窑尾三次风量及窑头废气量三者之间的平衡,从而实现稳定煅烧和冷却熟料之间的平衡。

(5) 回转窑的转速控制

回转窑的转速控制采用的策略是在稳定生料量、燃料量的前提下,通过对回转窑转速进行适当调整,以维持整个窑系统的均衡稳定生产。

(6) 篦冷机一、二室风量自动调节

二次空气对于窑内燃烧的好坏、工作的稳定性和煅烧过程中的燃料消耗都有很大的影响。篦冷机一、二室风量自动调节的目的就是通过稳定一、二室风量,从而稳定入窑新鲜空气量,为窑的稳定运行提供条件。它通常采取一室风量调一室风机阀门开度,二室风量调二室风机阀门开度的控制策略。

(7) 篦冷机料层厚度自动调节

控制篦冷机料层厚度,一是可以稳定二次风温,以稳定窑的正常运行;二是可使熟料达到最佳冷却效果。因为篦冷机料层厚度难以检测,所以在控制策略中采用篦下压力调篦速,以稳定篦冷机料层厚度。对于二段式篦冷机而言,还涉及一、二段篦速比例调节的问题。

2.2.4 水泥制成系统

(1) 喂料量控制

喂料量要求均匀、稳定,常以磨音信号和出磨提升机的功率来调节入磨喂料量。

(2) 出磨气体温度的自动控制

通过对磨机通风量的调节来控制出磨气体温度。

(3) 选粉机的调节与控制。

(4) 熟料的存储与输送

由于输送与存储设备之间存在工艺联锁关系,所以可以采用"逆流程启动,顺流程停车"原则对设备进行顺序控制。

2.3 计算机集散控制的一般知识

计算机控制应用于水泥工业始于20世纪50年代。1959年,小型计算机就被应用在了对单台设备(如窑或磨机)的运行控制中。1966年以后出现了直接数字控制器,继而发展了以小型和微型计算机为基础的分级控制系统。这一时期,在美、德、日和前苏联等国的一些小型水泥厂中,已经实现了计算机全厂自动化及部分设备的自动控制,如美国加利福尼亚州波特兰水泥公司在20世纪60年代就采用了全厂控制系统。

随着生产规模的扩大和生产过程自动化程度的提高,各生产环节之间的联系日趋密切,生产控制与管理的关系也越来越紧密,人们希望计算机除了完成生产过程的控制任务外,还能完成生产调度、生产计划、材料消耗、成本核算、设备检修和维护等企业管理工作。因此,20世纪90年代初,集散控制系统(DCS系统)在水泥厂开始被广泛应用。

集散控制系统(DCS系统)是以微处理器为基础的集中分散型控制系统,是控制(Control)、通信(Communication)、计算机(Computor)、屏幕显示(CRT)技术(即"4C"技术)相结合的产物。它以微处理器为核心,将微型计算机、工业控制计算机、PLC可编程序控制器、数据通道、CRT显示操作系统、过程通道、模拟调节仪表等有机地结合起来,构成了一个全新的控制系统。其主要特点如下:

① 实现了真正的分散控制。在该系统中,每个基本控制器(在系统中起基本控制作用的部件)只控制少量回路,故在本质上是"危险分散"的,从而提高了系统的安全性。同时,可以将基本控制器移出中央控制室,安装在距现场变送器和执行机构比较近的地方,再用数据通道将其与中央控制室及其他基本控制器相连,这样,每一个控制回路的长度就被大大缩短,不仅节约了导线,而且减少了噪声和干扰,提高了系统的可靠性。

② 利用数据通道实现综合控制。数据通道将各个基本控制器、监督计算机和CRT操作站有机地联系在一起,以实现复杂控制和集中控制。由于其他一些装置如输入/输出装置、数据采集设备、模拟调节仪表等,都能通过通信接口而挂在数据通道上,从而实现了真正的综合控制。

③ 利用CRT操作台实现集中监视和操作。在该系统中,生产过程的全部信息都能集中到操作站并在CRT屏幕上显示出来。CRT显示器可以显示多种画面,取代大量的显示仪表,缩短操作台的长度,实现对整个生产过程的集中显示和控制。同时,为了保证安全操作以及与

高度集中的显示设备相适应,它具有微处理器的"智能化"操作台,操作人员通过键盘进行简单的操作,就可以实现复杂的高级功能。

④ 利用监督控制计算机实现最优控制和管理。利用监督控制计算机(上位机)可以实现生产过程的管理功能,包括存取有关生产过程的所有数据和控制参数、按照预定要求打印综合报表、进行运行状态的趋势分析和记录、及时实行最优化监控等。

尽管开发时间不长,但由于集散控制系统具有上述优点,因而其发展速度很快,应用也非常广泛,已成为计算机控制系统发展的主流。

任务3 新型干法水泥生产过程控制流程

任务描述:熟悉新型干法水泥生产工艺、控制流程图、主要设备、测量仪表、监测点位置及控制方式等。

知识目标:理解新型干法水泥生产工艺,掌握控制流程图、主要设备和参数等知识。

能力目标:掌握新型干法水泥生产工艺,通过控制流程图准确描述水泥工艺流程、设备布置、主要设备组成、测量仪表、监测点位置及控制方式等。

3.1 新型干法水泥生产工艺

3.1.1 破碎及预均化

(1) 破碎

水泥生产过程中,大部分原料要进行破碎,如石灰石、黏土、铁矿石及煤等。石灰石是生产水泥用量最大的原料,开采后的粒度较大,硬度较高,因此石灰石的破碎在水泥厂的物料破碎中占有比较重要的地位。

(2) 原料预均化

预均化技术就是在原料的存、取过程中,运用科学的堆、取料技术,实现原料的初步均化,使原料堆场同时具备贮存与均化的功能。

3.1.2 生料制备

水泥生产过程中,每生产1 t硅酸盐水泥至少要粉磨3 t物料(包括各种原料、燃料、熟料、混合料、石膏等)。据统计,干法水泥生产线粉磨作业需要消耗的动力占全厂动力的60%以上,其中生料粉磨占30%以上,煤磨约占3%,水泥粉磨约占40%。因此,合理选择粉磨设备和工艺流程、优化工艺参数、正确操作、控制作业制度,对保证产品质量、降低能耗具有重大意义。

3.1.3 生料均化

新型干法水泥生产过程中,稳定入窑生料成分是稳定熟料烧成热工制度的前提,生料均化系统起着稳定入窑生料成分的最后一道关口作用。

3.1.4 预热分解

把生料的预热和部分分解由预热器来完成,代替回转窑的部分功能,这样就缩短了回转窑长度。同时,使窑内以堆积状态进行气料换热的过程移到预热器内在悬浮状态下进行,使生料能够同窑内排出的炽热气体充分混合,这样就增大了气料接触面积,传热速度快,热交换效率高,能达到提高窑系统生产效率、降低熟料烧成热耗的目的。

(1) 物料分散。80%的换热过程是在入口管道内进行的。喂入预热器管道中的生料在高速上升气流的冲击下,物料折转向上随气流运动的同时将被分散。

(2) 气固分离。当气流携带料粉进入旋风筒后,被迫在旋风筒筒体与内筒(排气管)之间的环状空间内做旋转流动,且一边旋转一边向下运动,由筒体到锥体,一直可以延伸到锥体的端部,然后转而向上旋转上升,由排气管排出。

(3) 预分解。预分解技术的出现是水泥煅烧工艺的一次技术飞跃。它是在预热器和回转窑之间增设分解炉,利用窑尾上升烟道,设燃料喷入装置,使燃料燃烧的放热过程与生料中碳酸盐的分解吸热过程在分解炉内以悬浮态或流化态迅速进行,使入窑生料的分解率提高到90%以上。该方法具有如下特点:将原来在回转窑内进行的碳酸盐分解任务移到分解炉内进行;燃料大部分从分解炉内加入,少部分由窑头加入,减轻了窑内煅烧带的热负荷,延长了衬料寿命,有利于生产规模大型化;由于燃料与生料混合均匀,燃料燃烧热及时传递给物料,使燃烧、换热及碳酸盐分解过程得到优化。因此,该方法具有优质、高效、低耗等一系列的优良性能及特点。

3.1.5 水泥熟料的烧成

生料在旋风预热器和分解炉中完成预热和预分解后,下一道工序就是进入回转窑中进行熟料的烧成。回转窑中首先会发生一系列的固相反应,生成水泥熟料中的 $C_{12}S$、CA_3、C_4AF 等矿物。随着物料温度升高到近 1300 ℃,CA_3、C_4AF 等矿物会变成液相,溶解于液相中的 C_2S 和 CaO 进行反应生成大量 C_3S。熟料烧成后,温度开始降低。最后水泥熟料冷却机将回转窑卸出的高温熟料冷却至下游输送、贮存库和水泥磨所能承受的温度,同时回收高温熟料的显热,提高系统的热效率和熟料质量。

3.1.6 水泥粉磨

水泥粉磨是水泥制造的最后工序,也是耗电最多的工序。其主要功能是将水泥熟料及胶凝剂、性能调节材料等粉磨至适宜的粒度(以细度、比表面积等表示),形成一定的颗粒级配,以增大其水化面积,加速水化速度,满足水泥浆体凝结、硬化的要求。

3.1.7 水泥包装

水泥出厂有袋装和散装两种发运方式。

新型干法水泥生产工艺流程如图 1.3.1 所示。

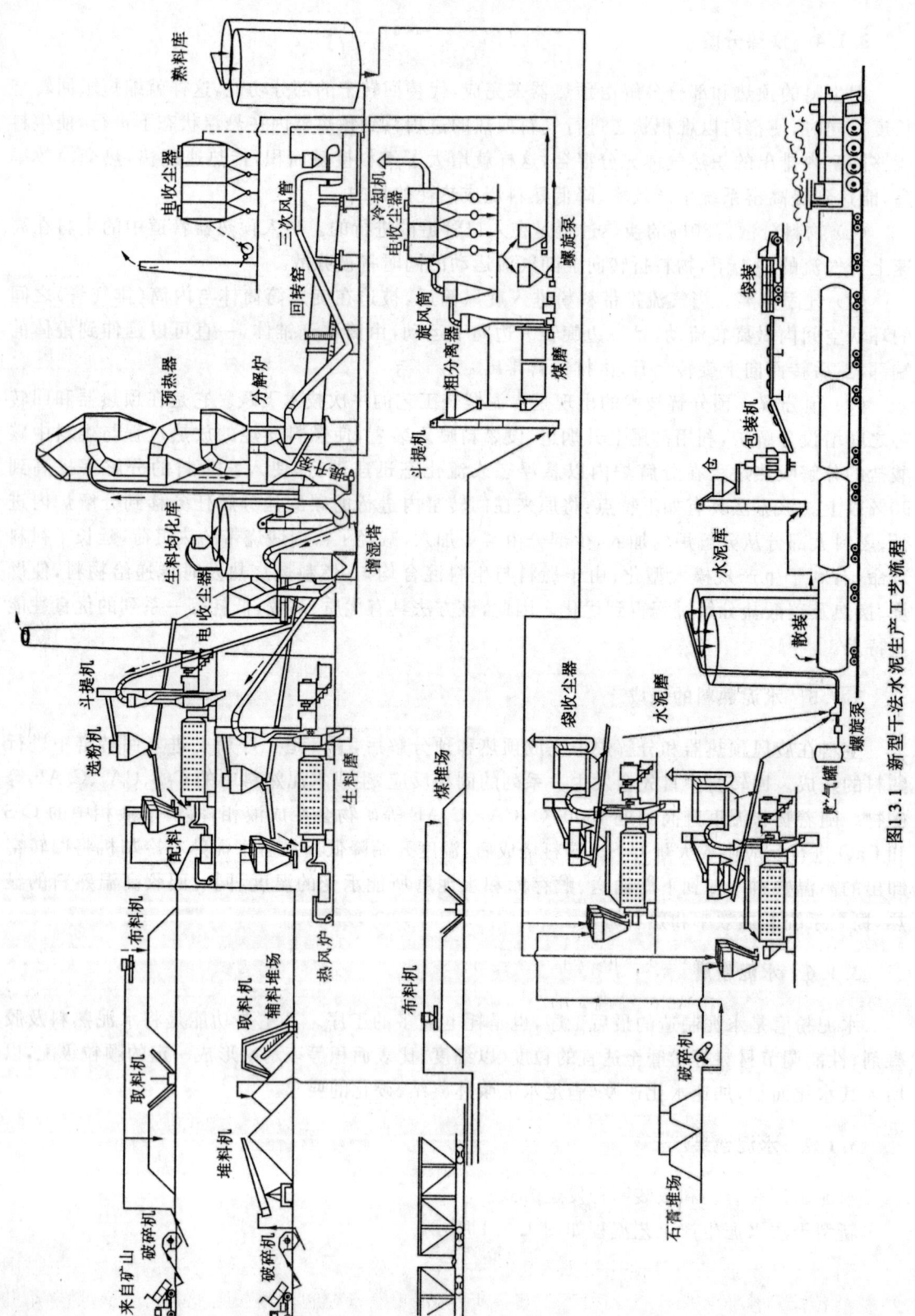

图1.3.1 新型干法水泥生产工艺流程

3.2 控制流程图

3.2.1 常用字母代号及仪表位号

3.2.1.1 常用字母代号

常用的表示被测参数和仪表功能的字母代号及含义如表1.3.1所示。

表1.3.1 常用字母代号及含义

字母	第一位字母		后续字母	字母	第一位字母		后续字母
	被测变量或初始变量	修饰词	功能		被测变量或初始变量	修饰词	功能
A	分析		报警	N	供选用		供选用
B	喷嘴火焰		供选用	O	供选用		节流孔
C	电导率		控制	P	压力或真空		试验点（接头）
D	密度		差	Q	数量或件数	积分、积算	积分、积算
E	电压（电动势）		检测元件	R	放射性		记录、打印
F	流量	比（分数）		S	速度或频率	安全	开关或联锁
G	尺度（尺寸）		玻璃	T	温度		传送
H	手动（人工触发）			U	多变量		多功能
I	电流		指示	V	黏度		阀、挡板、百叶窗
J	功率		扫描	W	重量或力		套管
K	时间或时间程序		自动-手动操作器	X	未分类		未分类
L	物位		指示灯	Y	供选用		继电器或计数器
M	水分或湿度			Z	位置		驱动、执行或未分配的执行器

3.2.1.2 仪表位号

在检测、控制系统中每个仪表（或元件）都有自己的仪表位号。仪表位号由字母代号组合和阿拉伯数字编号组成。第一位字母表示被测变量，后续字母表示仪表的功能，数字编号表示工序和位置。例如：

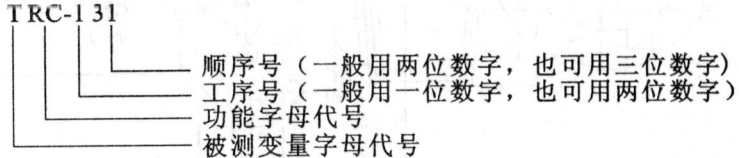

TRC-131
——顺序号（一般用两位数字，也可用三位数字）
——工序号（一般用一位数字，也可用两位数字）
——功能字母代号
——被测变量字母代号

3.2.2 生产过程控制流程图

新型干法水泥生产过程控制主要包括生料制备、煤粉制备、熟料煅烧和水泥制成的控制。生料制备控制流程如图1.3.2和图1.3.3所示，煤粉制备控制流程如图1.3.4所示，熟料煅烧控制流程如图1.3.5、图1.3.6和图1.3.7所示。

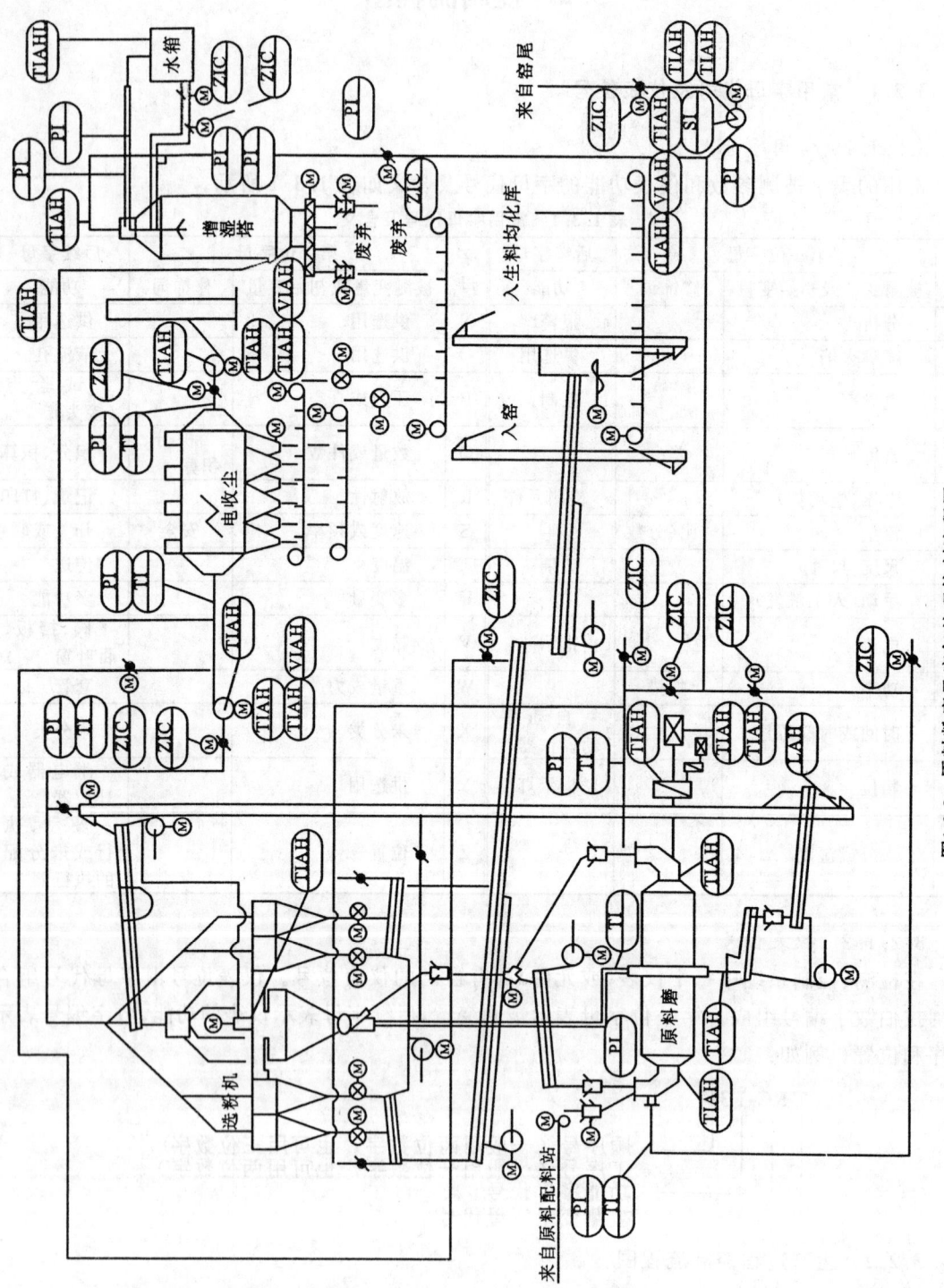

图1.3.2 原料粉磨及废气处理控制流程图

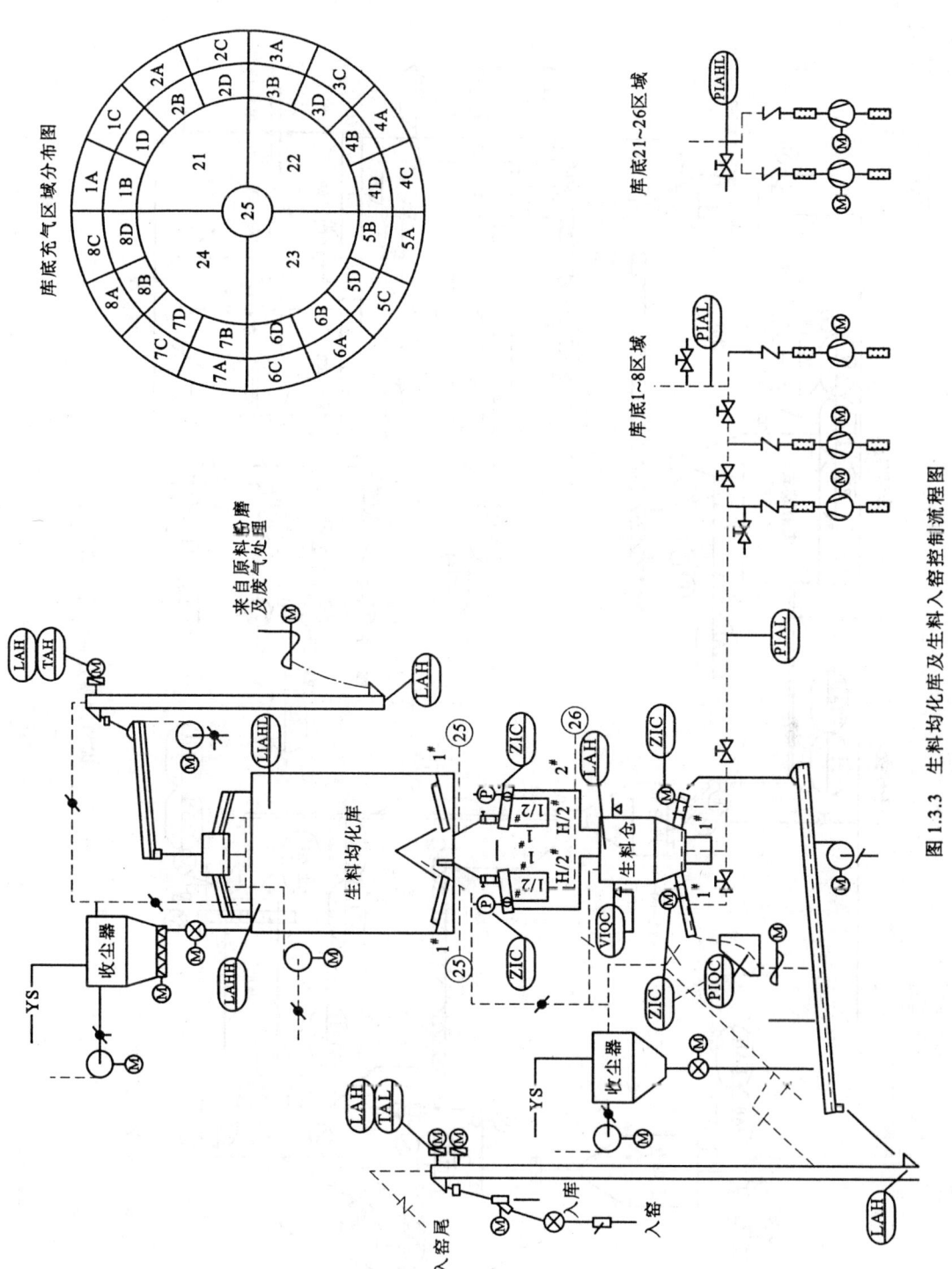

图 1.3.3 生料均化库及生料入窑控制流程图

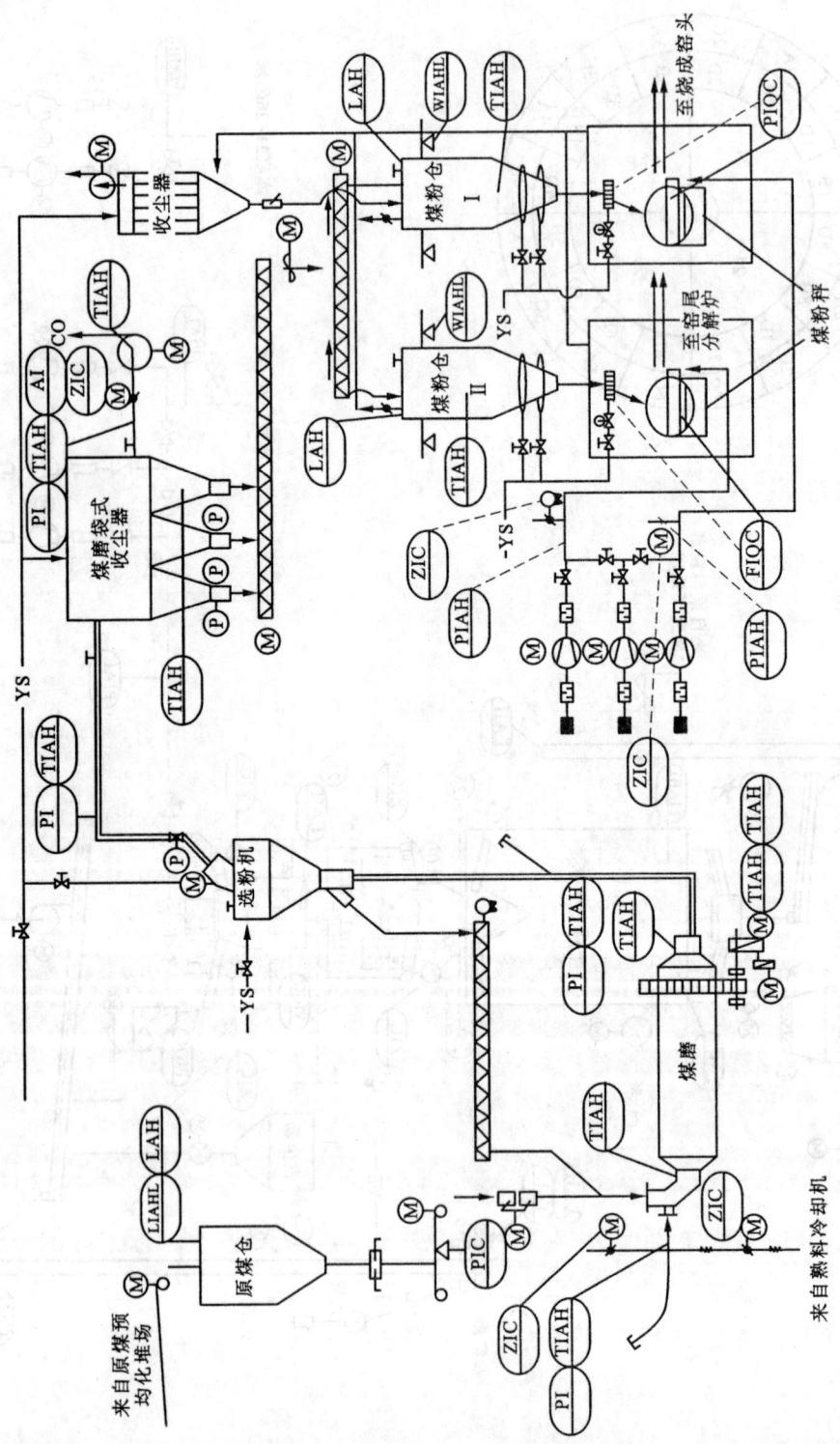

图1.3.4 煤粉制备及输送控制流程图

任务3　新型干法水泥生产过程控制流程

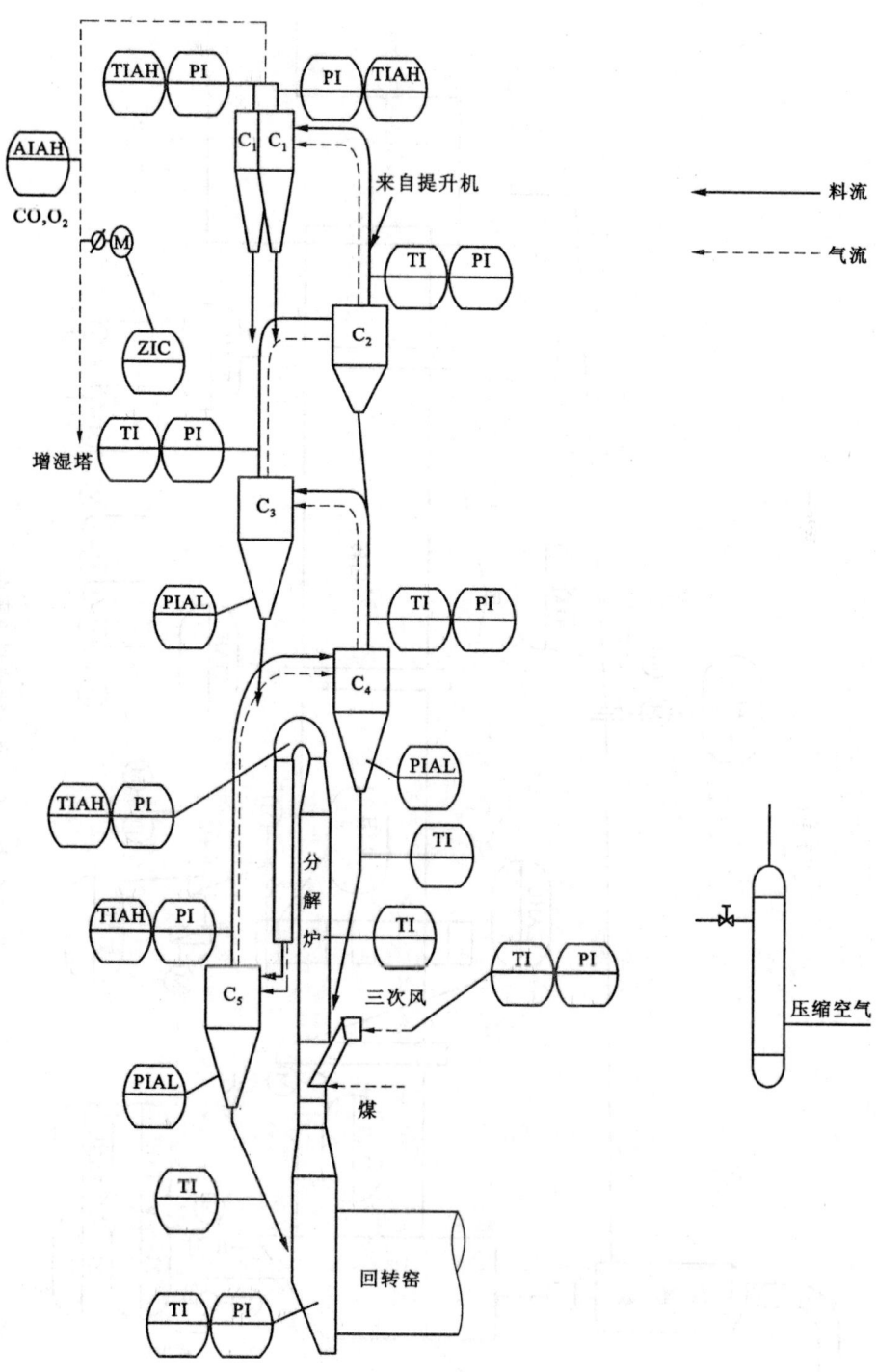

图 1.3.5　烧成窑尾控制流程图

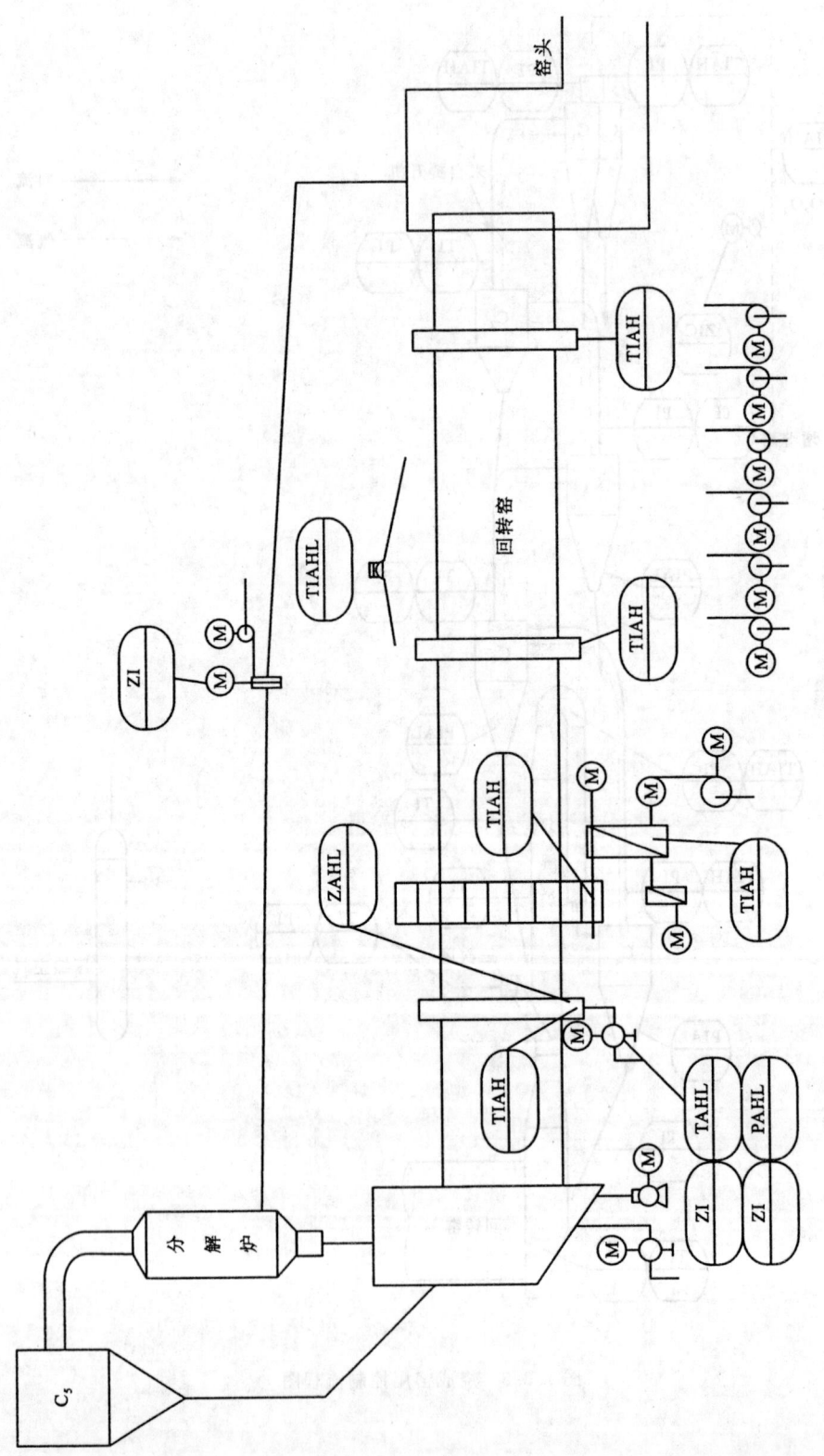

图1.3.6 烧成窑中及风管控制流程图

任务3 新型干法水泥生产过程控制流程

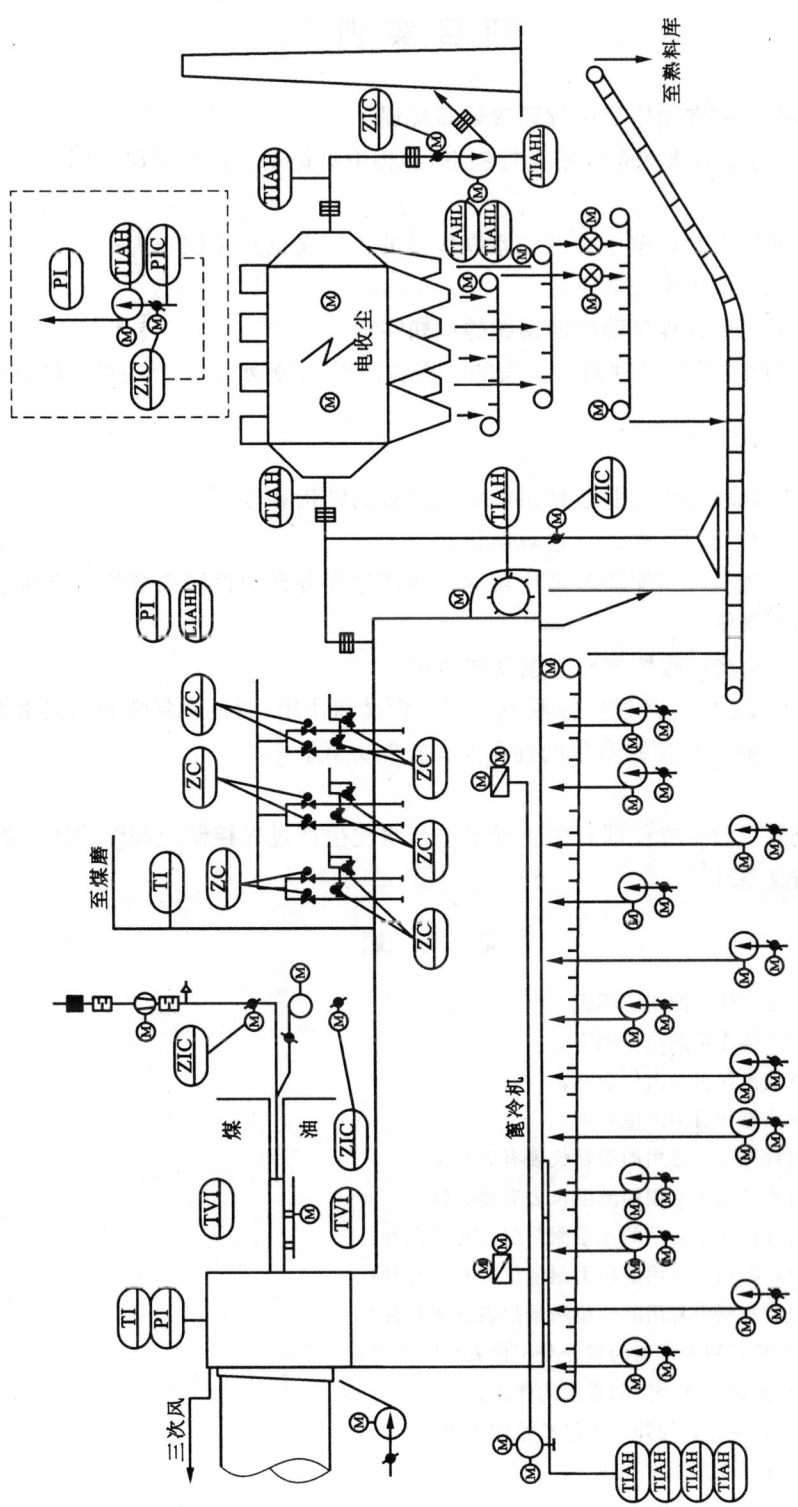

图1.3.7 烧成窑头及熟料输送控制流程图

项目实训

实训1　中央控制室操作员岗位职责认知实训

任务描述：通过参观水泥企业中央控制室，熟悉中央控制室操作员岗位职责。

实训内容：

(1) 请企业兼职教师讲解中央控制室操作员的工作岗位及岗位职责；

(2) 参观水泥生产中央控制室。

实训2　水泥生产过程自动控制系统的认知实训

任务描述：了解并掌握各种测量仪表的结构和作用；了解水泥生产过程各自动控制系统的组成和作用。

实训内容：

(1) 请企业兼职教师或实验教师讲解测量仪表的结构和作用；

(2) 要求学生对测量仪表进行直观认识；

(3) 请企业兼职教师或实验教师讲解水泥生产过程各自动控制系统的组成和作用；

(4) 进行仿真系统演示。

实训3　水泥生产过程控制流程图认知实训

任务描述：了解水泥生产过程控制流程图的含义和作用，能正确判断和描述水泥生产过程控制流程图中各控制点被控制参数的性质及其控制方式。

实训内容：

(1) 在企业兼职教师或任课教师指导下进行水泥生产过程控制流程图读图和识图练习；

(2) 进行仿真系统演示。

思 考 题

1. 简述生料制备操作员的岗位职责。
2. 简述煤粉制备操作员的岗位职责。
3. 简述熟料煅烧操作员的岗位职责。
4. 简述水泥制成操作员的岗位职责。
5. 水泥生产过程控制中常用的测量仪表有哪几类？
6. 水泥生产过程控制中常用的测温仪表有哪几种？
7. 水泥生产过程控制中常用的流量测量仪表有哪几种？
8. 水泥生产过程控制中常用的压力测量仪表有哪几种？
9. 水泥生产过程控制中常用的物位测量仪表有哪几种？
10. 水泥生产过程控制中常用的成分分析仪表有哪几类？
11. 简述水泥生产过程自动控制系统的作用。
12. 水泥生产过程中设备的开车和停车原则是什么？
13. DCS集散控制系统有哪些特点？
14. 简述水泥生产工艺过程。
15. 简述原料粉磨及废气处理控制流程图。
16. 简述生料均化库及生料入窑控制流程图。

17. 简述煤粉制备及输送控制流程图。
18. 简述烧成窑尾控制流程图。
19. 简述烧成窑中及风管控制流程图。
20. 简述烧成窑头及熟料输送控制流程图。

项 目 小 结

生产运行准备的主要任务是熟悉中央控制室操作员岗位职责,了解测量仪表的种类、结构和作用,水泥生产过程各自动控制系统的组成和作用以及水泥生产过程控制流程图的含义和作用,为本课程后续项目的学习做好知识准备。

中央控制室操作员岗位职责包括生料制备系统操作员岗位职责、煤粉制备系统操作员岗位职责、熟料烧成系统操作员岗位职责、水泥制成系统操作员岗位职责。

温度是水泥生产过程中的主要工艺参数,温度测量分为接触式测温和非接触式测温两种方式。接触式测温仪表有热电阻和热电偶。热电阻测温基于导体或半导体的电阻值随温度变化的特性,主要有铂热电阻和铜热电阻,结构有普通型和铠装型两种,引线方式有二线制、三线制(常用)及四线制三种。热电偶是根据热电效应原理设计而成的,它由两种不同的金属导体或半导体组成。实际测量温度时,热电偶的测温端(热端)置于被测温度处,参比端(冷端)要求保持恒定温度。其结构有普通型和铠装型两种,热电偶参比端温度补偿的方法有补偿导线法、参比端温度测量计算法、参比端恒温法及补偿电桥法四种。非接触式测温仪表的任何部分都不与被测对象接触。由于具有一定温度的物体都会向外辐射能量,其辐射强度与物体的温度有关,所以通过测量辐射强度可以确定物体的温度。常用非接触式测温仪表有辐射高温计和光电高温计。

差压式流量计是利用流体流经节流装置时产生压力差的原理进行压力测量的。此压力差与流体流量之间有确定的数值关系,通过测量压差值可以求得流体流量。差压式流量计由产生差压的装置和差压计组成。转子式流量计主要由一根自下向上扩大的垂直锥形管和一支可以沿锥形管轴向上下自由移动的转子(浮子)组成。椭圆齿轮流量计是容积式流量计的一种,主要用来测量不含固体杂质的流体流量,适宜于测量黏度较高的介质。电磁流量计是利用电磁感应定律工作的一种流量计。

压力是水泥生产过程中的重要工艺参数之一。弹性压力计利用弹性元件受压变形的原理进行测量,主要有弹簧管压力计和波纹管差压计。活塞式压力计是基于静力平衡原理进行压力测量的。应变片式压力传感器是能够检测压力并提供远传信号的装置。

差压(压力)式液位计能将液位的检测转换为静压力或压差的测量。浮标式液位计的浮子漂浮于液面上,随着液位的升降,浮子的位置随之发生变化,并经过钢丝直接由标尺及指针读出,常见的为重锤式直读浮标液位计。浮筒式液位计中,作为检测元件的浮筒为圆柱形,部分沉浸在液体中,利用浮筒被浸没高度不同引起的浮力变化来测量液位。电容式液位计可通过测量电容量的变化来测量液位、料位和界位。核辐射式物位计的射线射入一定厚度的介质时,其强度随所通过介质厚度的增加呈指数规律衰减,测量射线的强度可以确定穿过物料的厚度。

成分分析的方法有定期取样和在线分析两种。钙铁分析仪是一种采用放射性同位素作为辐射源的 X 射线荧光光谱分析仪,又称为 X 射线荧光分析仪。热导式气体分析仪是一种物理式分析仪,主要用于分析气体混合物中某一组分的含量。红外线气体分析仪属于光学分析仪,它利用气体对不同红外线具有选择性吸收的特性,对多组分气体混合物中的某一气体的含量进行测定。氧化锆氧分析仪应用电化学分析方法,可以连续地分析烟气中的氧含量。

干湿球湿度计应用十分广泛,常用于测量空气的相对湿度。光电露点湿度计的基本原理是用露点来表示绝对湿度。湿敏传感器是利用材料的吸湿特性制成的湿敏元件构成的传感器。

水泥生产过程自动控制系统主要包括生料制备系统(QCS生料质量控制系统、生料粉磨负荷控制系统、生料均化系统、计量仓料量的自动控制系统、生料均化库下料控制)、煤粉制备系统(出磨气体温度的自动控制、磨机负荷自动控制、磨机防爆控制、煤粉仓灭火控制)、熟料烧成系统(分解炉喂煤量的计量与自动调节、预热器出口压力调节、预热器自动吹扫装置、窑头负压自动控制、回转窑的转速控制以及篦冷机一、二室风量自动调节和篦冷机料层厚度自动调节)及水泥制成系统(喂料量控制、出磨气体温度的自动控制、选粉机的调节与控制、熟料的存储与输送)。集散控制系统(DCS系统)是以微处理器为基础的集中分散型控制系统,其主要特点是实现了真正的分散控制、利用数据通道实现综合控制、利用CRT操作台实现集中监视和操作、利用监督控制计算机实现最优控制和管理。

新型干法水泥生产工艺过程包括破碎及预均化、生料制备、生料均化、预热分解、水泥熟料的烧成、水泥粉磨及水泥包装。控制流程图包括原料粉磨及废气处理控制流程图、生料均化及生料入窑喂料系统控制流程图、煤粉制备及输送控制流程图及熟料烧成系统控制流程图(烧成窑尾控制流程图、烧成窑中及风管控制流程图、烧成窑头及熟料输送控制流程图)。

完成项目评价

项目名称:生产准备	评价内容	评价分值
任务1 中央控制室操作员岗位职责	能正确描述水泥生产中央控制室岗位所要完成的任务和对操作人员的要求	20
任务2 水泥生产过程自动控制系统	能正确说明测量仪表的原理、结构和作用;正确使用各种测量仪表;正确说明水泥生产过程各自动控制系统的组成和作用;能通过仿真系统正确操作控制系统	40
任务3 新型干法水泥生产过程控制流程	能完整并正确说明新型干法水泥生产工艺流程,能正确判断和描述水泥生产过程控制流程图中各控制点被控制参数的性质及控制方式	40

项目 2　生料制备操作

【项目描述】

本项目主要叙述生料制备系统的工艺流程及主要设备；生料制备系统运行前的准备以及开、停车正常操作及常见故障处理。通过学习及实训操作，让学生熟悉生料制备系统工艺流程、主机配置，学会开、停车正常操作，掌握生料制备系统常见故障的处理方法。

任务1　生料制备系统运行前的准备

任务描述：熟悉水泥生料制备系统（中卸磨系统、立式磨系统、均化系统）工艺流程、主要设备的结构、工作原理及特点，为开车运行做好准备。

知识目标：掌握水泥生料制备系统工艺流程及主要设备的相关知识。

能力目标：能绘制出水泥生料制备系统的工艺流程图并能标出设备名称及重点控制参数，说明设备的作用。

硅酸盐水泥的生产过程大致分为三个阶段：第一阶段为生料制备；第二阶段为熟料煅烧；第三阶段为水泥制成。生料制备过程包括生料粉磨和生料均化。

生料粉磨是"两磨一烧"中的一磨。生料粉磨的主要任务是把石灰质原料（主要含 CaO）、黏土质原料（主要含 SiO_2 和 Al_2O_3）与少量的校正原料（如铁矿石及硫酸厂的废渣，主要含 Fe_2O_3）经破碎和烘干并按一定比例配合，粉磨成化学成分、细度、质量等达到生产要求的合格生料粉。目前，新型干法水泥生产较常用的生料制备粉磨系统有中卸提升循环烘干球磨系统和各种立式磨（辊式磨）系统。

生料均化是指粉磨后的生料通过合理搭配及气力搅拌，使其成分趋于均匀一致的过程。生料均化保证了为窑系统提供合格的生料。生料均化分气力均化和机械均化两种。气力均化的均化效果好，但投资高；机械均化是一种简易的均化措施，其投资少、操作简便，但均化效果差，仅用于小型水泥厂。生料的气力均化进一步细分为间歇式和连续式均化，新型干法水泥生产生料均化一般采用连续式气力均化。

1.1　中卸磨系统运行准备

1.1.1　中卸磨系统工艺流程

中卸磨生料粉磨系统工艺流程如图 2.1.1 所示，它以窑尾预热器排出的废气作生料烘干热源。由三种或四种原料配合而成的物料经电子喂料秤喂入中卸烘干磨；经粗磨仓粉磨后的

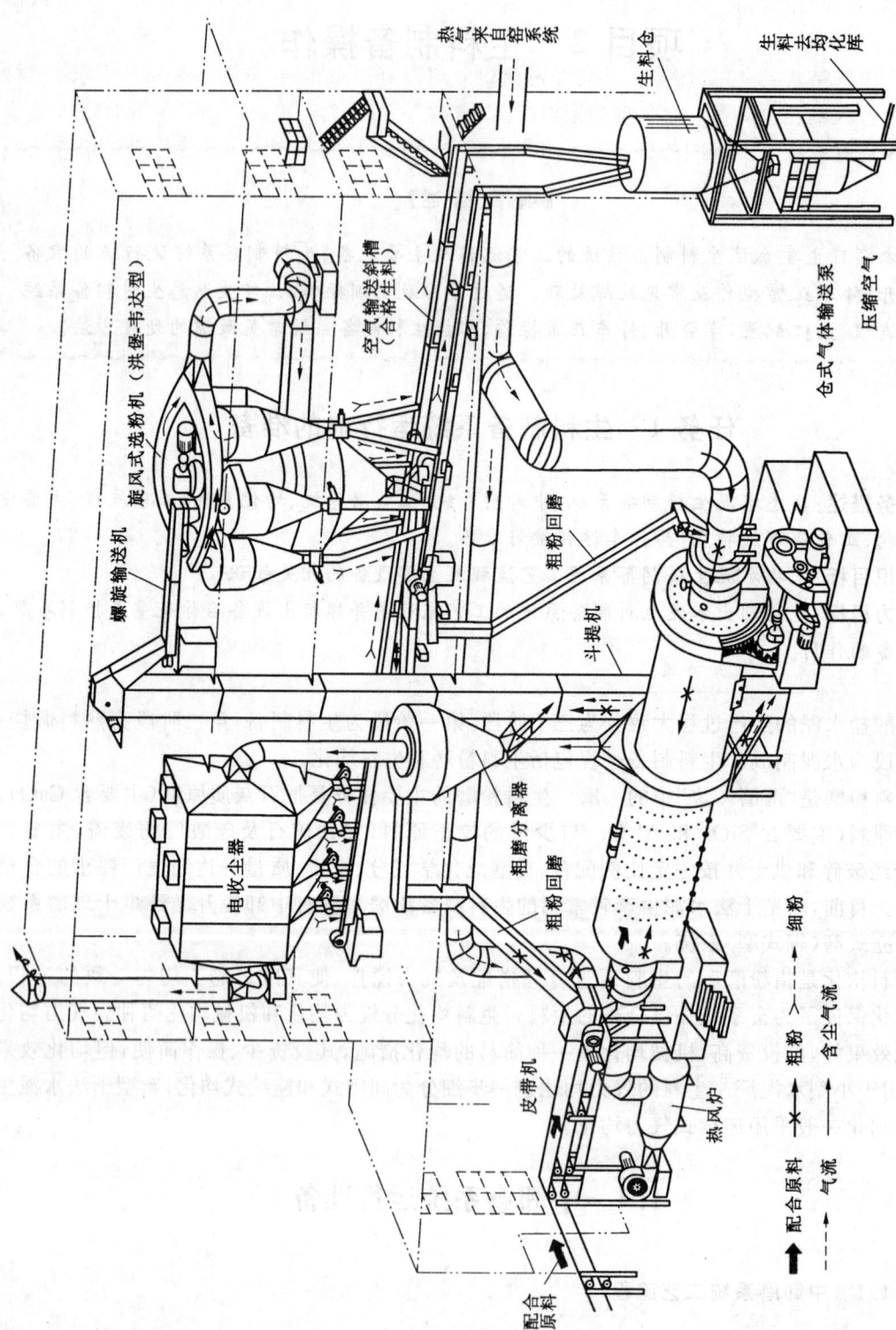

图2.1.1 中卸磨生料粉磨系统工艺流程

物料送至旋风式选粉机选粉,选粉后的回料少部分返回粗磨仓粉磨,大部分进入细磨仓内进行细磨;从细磨仓排出的物料亦被送至选粉机选粉,选粉后的细粉,即控制细度合格的生料由输送机送至均化库。

烘干废气带走的一部分物料,首先经过粗粉分离器分离出粗粉,并送入选粉机,剩余细粉则随废气进入细粉分离器。废气则由磨机排风机送至汇风箱与出增湿塔的废气混合进入电收尘器收尘后排入大气。由细粉分离器、汇风箱和电收尘器收集的细粉,也作为生料被输送至均化库。

1.1.2 中卸磨系统主要控制参数

1.1.2.1 中卸磨系统主要检测参数

① 磨机电流;
② 出磨提升机功率;
③ 磨机出口与磨头入口间压差;
④ 出磨风温;
⑤ 出磨风压;
⑥ 选粉机功率、转速;
⑦ 选粉机出口风压;
⑧ 磨系统排风机电流;
⑨ 磨头入磨风温;
⑩ 磨头入磨风压;
⑪ 磨尾入磨风温;
⑫ 磨尾入磨风压。

1.1.2.2 中卸磨系统主要调节参数

① 原料的喂入量;
② 选粉机下电动分料阀开度;
③ 粗粉回磨(头、尾)的计量;
④ 进磨(头、尾)热风阀门开度;
⑤ 进磨头、磨尾冷风阀门开度;
⑥ 系统排风阀门开度;
⑦ 主排风阀门开度;
⑧ 循环风阀门开度;
⑨ 选粉机的转速。

1.1.3 中卸磨系统主要设备

中卸磨生料粉磨系统主要设备有中卸磨、选粉机及收尘设备等。

1.1.3.1 中卸磨

(1)结构

中卸磨的结构如图 2.1.2 所示。它的主要结构包括研磨体、衬板、隔仓板及卸料篦板。磨机的进口端(两端设有入料漏斗和进风烟道)、出口端(中间卸料装置)设有出风管。筒体内分

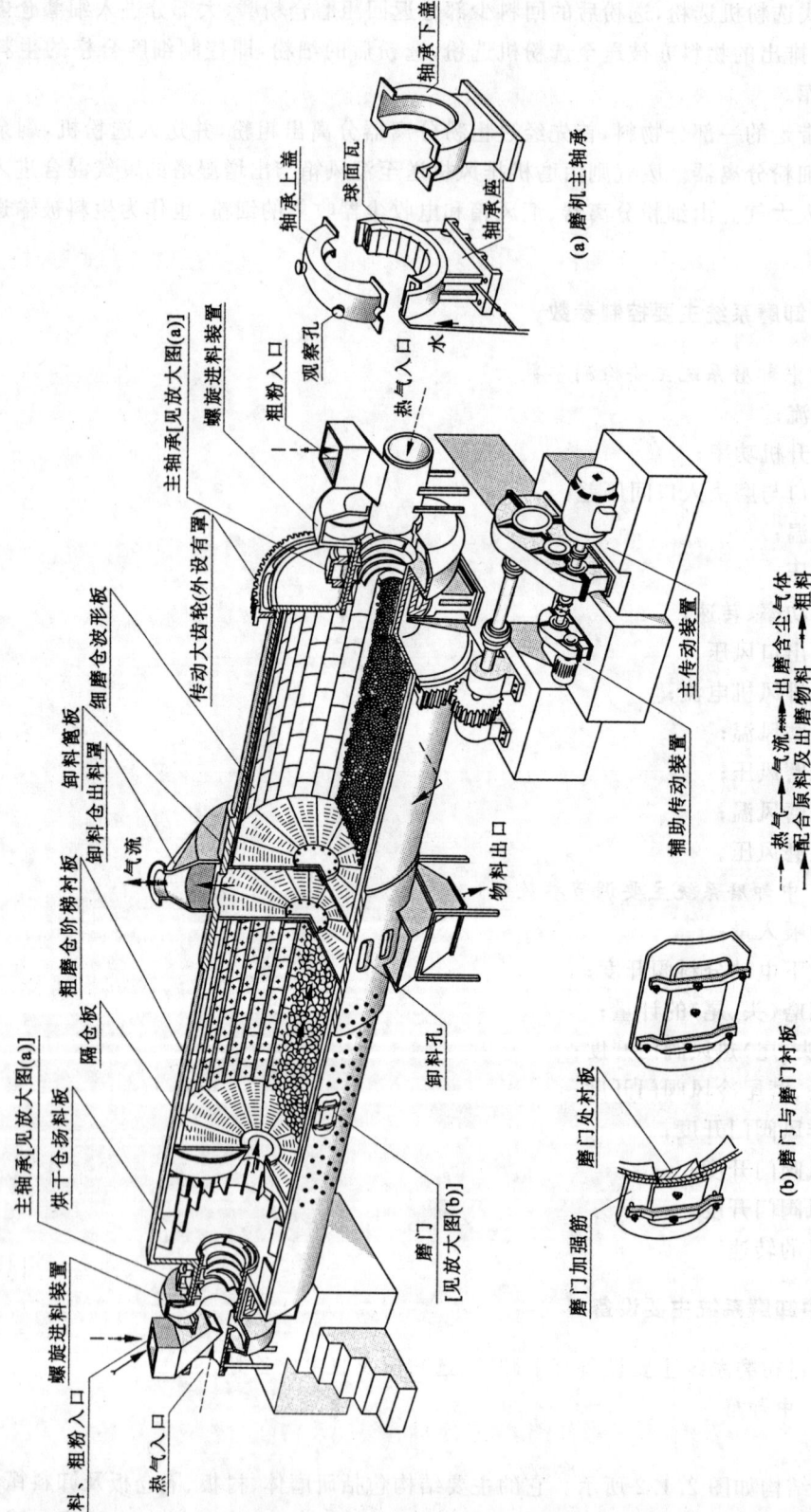

图 2.1.2 φ3.5 m×10 m中心传动中卸磨结构

成烘干仓、粗磨仓、细磨仓三部分。烘干仓内装扬料板,粗磨仓内装阶梯衬板,细磨仓内装有小波形衬板。磨中部的卸料筒体上面有卸料孔,卸料孔以密封罩密封。密封罩上部的出风管与收尘器连接,密封罩下部为物料出口。筒体两端与端盖相连,端盖的内侧装有端盖衬板。

(2) 工作原理

中卸磨可大量采用从预热器出来的气体作为烘干介质,进行烘干兼粉磨工作。其工作原理是原料由进料装置喂入烘干仓,被引入的热气体烘干。物料烘干到一定程度后通过双层隔仓板进入粗磨仓,在研磨体冲击下被粉碎并继续烘干,被粉碎到一定程度的物料通过出料篦子进入卸料仓,与由细磨仓出来的物料一起排出磨外。

(3) 影响磨机产量的因素

影响磨机产量的因素很多,主要有磨机结构、工艺流程、研磨体级配和物料本身的性质等,具体包括如下几个方面的因素:

① 磨机各仓的长度。仓多,则隔仓板也多,磨机有效容积的利用率将减少,流体阻力增加;仓少,则级配不能适应物料颗粒变化的要求。

② 入磨物料的粒度。粒度大,下料不均,粉磨困难,磨机的产、质量低,电耗高;反之,则易磨,产、质量高。

③ 入磨物料温度与水分。温度高易发生粘球现象,降低粉磨效率,影响产量。而入磨物料水分大,则难磨;反之,则易磨。

④ 物料的易磨性。易磨性是指物料被粉磨的难易程度,易磨系数越大,说明物料越好磨;反之,则难磨。

⑤ 磨机通风。通风性好,可及时把磨内水蒸气及磨内细粉吹走,增加研磨效率,避免"过粉磨"现象。

⑥ 粉磨产品细度。出磨物料的细度越细,产量越低,反之越高。

⑦ 喂料的均匀性。应根据入磨物料的粒度、硬度、水分的变化,适当调整喂料速度,喂料过多、过少都会降低产量。

⑧ 选粉效率与循环负荷率。选粉效率高,可提高粉磨效率,而循环负荷过高、过低都将影响磨机产量。

⑨ 球料比。球料比太大会降低产量;球料比太小,则存料多,会降低粉磨效率。

⑩ 物料的配比。配比变化则喂料发生变化,产量也将发生变化。

(4) 特点

中卸磨是风扫磨和尾卸提升循环磨的结合,从粉磨作用来说,又相当于二级圈流系统,其特点有以下几点:

① 热风从两端进磨,通风量大,加之设有烘干仓,烘干效果良好。由于大部分热风从磨头进入,少部分从磨尾进入,因此粗磨仓风速大,细磨仓风速小,不致产生磨内料面过低现象,有利于除去物料中的残余水分和提高细磨仓温度,防止冷凝。这种磨机系统可利用窑尾废气烘干含水分 8% 的原料。

② 磨机粗、细磨分开,有利于最佳配球,对原料的硬度及粒度的适应性较好。

③ 循环负荷大,磨内过粉碎少,粉磨效率高。

④ 缺点是密封困难,系统漏风较多,生产流程也比较复杂。

1.1.3.2 选粉机

选粉机是闭路系统(见图2.1.3)中的重要组成部分,它的作用是将粉磨到一定粒度的合格细粉及时选出,粗粉返回磨机再粉磨,防止磨机研磨体"包球"现象,影响磨机产量,也即是调节成品细度,防止粗细不均,保证产品质量。

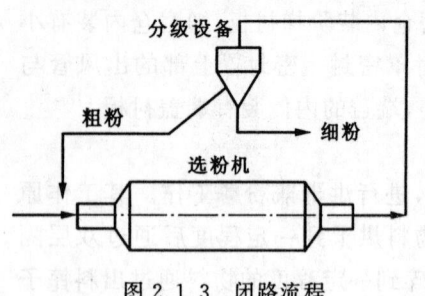

图2.1.3 闭路流程

生料粉磨系统常用旋风式选粉机、高效选粉机及组合式选粉机,其结构形式不尽相同,但工作过程主要包括分散、分级和分离三部分。

(1) 旋风式选粉机

旋风式选粉机(见图2.1.4)与离心式选粉机不同。目前较先进的维达格(Wedog)型旋风式选粉机取消了大风叶,由内循环改为使用外加风机及旋风筒的外循环,细粉改由旋风筒收集,其细粉收集效率较高。因此循环气流中心的含尘浓度降低,选粉过程中细粉相互干扰减小,分级效率相应提高,一般可达80%以上,能比开流系统增产40%~60%。旋风式选粉机的缺点是占地面积较大,密封要求较高,而且当旋风筒的出料口不在选粉机下部的内外锥体之间时,需设置锁风装置。

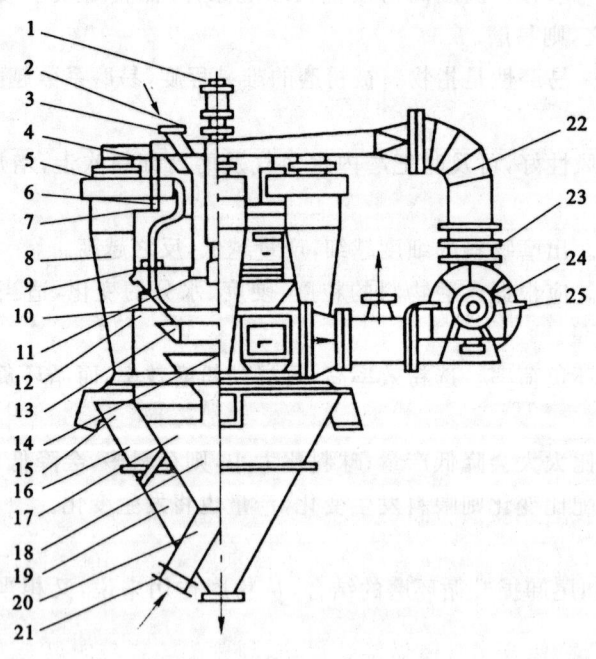

图2.1.4 旋风式选粉机结构

1—电动机;2—减速机;3—进料溜槽;4—空气收尘器;5—主轴承;6—旋风收尘器顶部;7—下料管;8—分级带;9—离心分级装置;10—旋风收尘器;11—回转撒料盘;12—气流;13—导向装置;14—人孔盖;15—细粉;16—锥形机壳;17—粗粒部分;18—粗粒;19—下锥体;20—粗粉卸料;21—细粉卸料溜槽;22—风管;23—风门调节阀;24—鼓风机;25—电机

(2) 高效选粉机

O-Sepa高效选粉机是目前广泛采用的选粉机形式(见图2.1.5)。该机主体是一个蜗壳形旋风筒,内设笼形转子,其外圈装一圈导向叶片,被选物料从顶部喂入落到撒料盘上,靠离心力将物料抛撒,粗粒则受离心力作用而下落到下部选粉室,再经由下部吹入的三次风风选后,细粉随风上升，而粗粒则落入锥形斗卸出。分级选粉时有三股风：从磨内排出的气体为一次风（占70%~80%），其他粉磨系统排出的气体为二次风（约占20%），三次风（新鲜空气，约占10%）由下部吹入。一次风、二次风由上壳体两侧进风口引入机内，形成水平旋流分离场，将较细颗粒带入转子内被抛出，由收尘器收集为成品。高效选粉机除O-Sepa外还有Sepax、SKS等。

O-Sepa高效选粉机具有以下特点：

① 粉粒状物料粒径的分选精度较高，因此，分级效率高，产量增加。

② 可以在较大范围内控制产品细度。改变涡轮的转速，可在10~300 μm的范围内调节分级粒径。

③ 因可以用含尘气体作为分级气流，故粉碎分级系统非常紧凑，并具有冷却功能。

④ 可以与辊磨或辊压机组合成粉磨分级系统，能简化工艺流程，提高粉碎效率。

（3）组合式选粉机

组合式选粉机是笼式高效选粉机和粗粉分离器的紧凑组合，兼具粗粉分离器和选粉机的功能，能实现简化系统结构的目的。其结构分上、下两部分，上部为笼式高效选粉机，下部为粗粉分离器。从磨内来的含尘气体和来自窑尾的气体自下而上进入下部粗粉分离器，气流中粉尘和粗粒受到反击锥的碰撞冲击作用而下落，较细的颗粒继续上升到达上部选粉区，与喂入的物料一并风选。该机采用改变笼式高效选粉机转速来调整产品细度，操作方便，集选粉烘干于一体，结构紧凑。

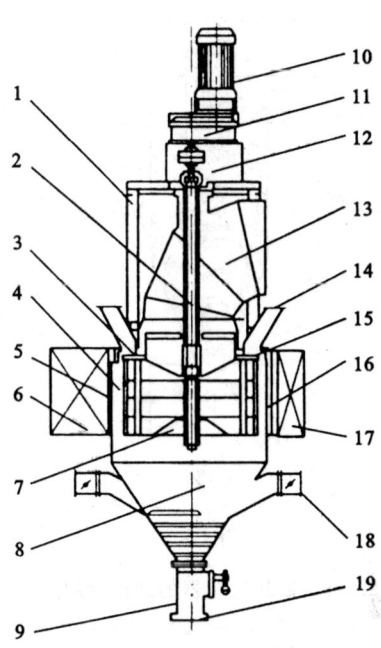

图2.1.5 O-Sepa高效选粉机

1—支架；2—主轴；3—撒料盒；
4—涡流调节器；5—隔板；
6—一次风口；7—转子；8—灰斗；
9—重锤翻板阀；10—电机；11—减速机；
12—减速机底座；13—成品出口；
14—进料口；15—缓速板；
16—导流叶片；17—二次风口；
18—三次风口；19—粗粉出口

1.1.3.3 收尘设备

在水泥生料制备过程中，物料的破碎、烘干、原料粉磨、生料均化都会产生粉尘，扬尘点均需安装收尘设备以减少粉尘的排放。常用的收尘设备有离心分离式收尘器、过滤式收尘器及电收尘器等。

离心分离式收尘器能使含尘气体做旋转运动，利用固体颗粒的离心力、惯性力作用而使其从气体中分离出来，适用于粒径大于10 μm粉尘的收集，常见的有旋风收尘器等。

过滤式收尘器能使含尘气体通过多孔过滤介质层，由于过滤层的阻挡、吸附等作用将粉尘截留并收集起来，适用于粒径大于1 μm粉尘的收集，常见的有袋式收尘器、颗粒层收尘器等。

电收尘器能在高压直流电场内使粉尘颗粒带电，在电场力作用下使粉尘沉积并收集起来，适用于粒径大于0.01 μm粉尘的收集，常见的有卧式电收尘器、立式电收尘器等。

(1) 旋风收尘器

旋风收尘器是利用含尘气体高速旋转产生的离心力将粉尘从气体中分离出来的收尘设备。它的构造简单,易于制造,投资省,尺寸紧凑,没有运动部件,操作可靠,适应高温及高浓度气体,一般收尘效率为60%~90%,适用于收集粒径大于 10 μm 的粉尘。其缺点是流体阻力较大,能耗较大,操作时要求流量稳定、密封好,仅限粗颗粒净化,故通常用作水泥厂的一级收尘。

如图 2.1.6 所示,旋风收尘器主要由带有锥形底的外圆筒、进气口、排气管(内筒)、排灰阀及集灰斗等组成。排气管插入外圆筒顶部中央,进气口与外圆筒相切连接。

含尘气体从进气口以一定的速度(12~20 m/s)切向进入外圆筒后,进行旋转运动。由于内外筒及顶盖的限制,气流在其间形成一股自上而下的外旋流,旋转过程中粉尘颗粒由于惯性力作用而大部分被甩向筒壁,失去动能并沿筒壁滑下,经锥体下口入集灰斗,最后由排灰阀排出。旋转下降的旋流随着圆锥的收缩而向收尘器中心靠拢,旋

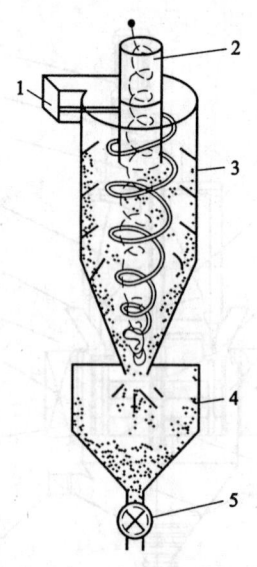

图 2.1.6 旋风收尘器的结构原理图
1—进气口;2—排气管(内筒);
3—外圆筒;4—集灰斗;5—排灰阀

转气流进入排气管半径范围附近便开始上升,形成一股自下而上的内旋流,最后经排气管向外作为净化气体排出。

(2) 袋式收尘器

袋式收尘器利用的是过滤收尘方法,采用透气但不透尘粒的纤维织物作为滤袋,当含尘气体通过滤袋时,尘粒阻留在纤维滤袋上,使气体得到净化。这种收尘器能把 1 μm 以上的微小颗粒阻留下来,从而使气体得到净化。因过滤织物通常多做成袋状,故它被称为袋式收尘器。如果把它与旋风收尘器或粗粉分离器串联起来,作为第二级收尘,对破碎、烘干、生料制备、水泥制成、煤粉制备系统等产生的粉尘进行处理,收尘效率可稳定在 98% 以上,能够达到环保要求。

常见的袋式收尘器有以下两种:

① 气箱式脉冲袋式收尘器

气箱式脉冲袋式收尘器的工作原理如图 2.1.7 所示,当含尘气体由进风口进入灰斗后,一部分较粗的尘粒在这里由于惯性碰撞、自然沉降等原因落入灰斗,大部分尘粒则随气流上升进入袋室,经滤袋过滤后,尘粒被阻留在滤袋外侧,净化的气体由滤袋内部进入箱体,再由阀板孔、出风口排入大气。随着过滤过程的不断进行,滤袋外侧的积灰也逐渐增多,从而使收尘器的运行阻力也逐渐增高。当阻力增加到预设值(1245~1470 Pa)时,清灰控制器发出信号,首先控制提升阀将阀板孔关闭,以切断过滤气流,停止过滤进程。随后电磁脉冲阀打开,以极短的时间(0.1~0.15 s)向箱体内喷入压力为 0.5~0.7 MPa 的压缩空气,压缩空气在箱体内迅速膨胀,涌入滤袋内部,使滤袋产生变形、振动,加上逆气流的作用,滤袋外部的粉尘被清除下来并掉入灰斗。清灰完毕后,提升阀再次打开,收尘器再次进入过滤状态。

② 气环反吹风袋式收尘器

气环反吹风袋式收尘器的结构及工作原理如图 2.1.8 所示。含尘气体从上部进气口进入顶部的分配室后均匀进入各个滤袋内,净化后的气体经排气口排出。吸附在滤袋内壁的粉尘和纤

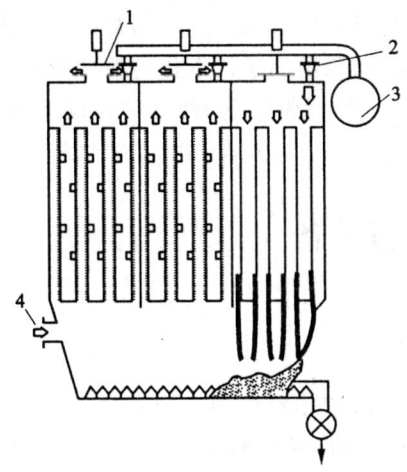 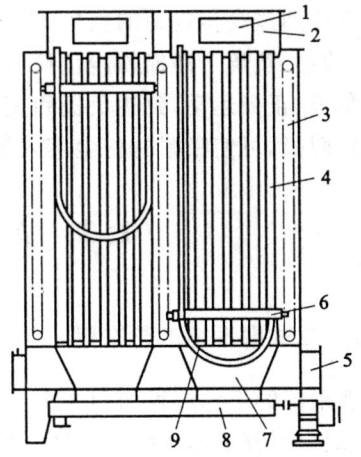

图2.1.7 气箱式脉冲袋式收尘器
1—排气阀;2—脉冲阀;3—气包;4—进口

图2.1.8 气环反吹风袋式收尘器的结构
1—进气口;2—气体分配室;3—过滤室;4—滤袋;5—排气口;
6—气环箱;7—集灰斗;8—螺旋输送机;9—胶管

维缝中的粉尘被气环箱喷出的高速空气吹落,吹落的粉尘沉降到集灰斗中并经输送机械送走。气环箱紧贴滤袋靠机械传动装置作周期性上下移动,每移动一次,即完成一次清灰过程。

气环反吹风袋式收尘器的主要特点是:适用于高湿度、高浓度的含尘气体;可采用小型高压鼓风机作为气源,过滤风速大、投资省;由于装在机体外部,所以维修管理方便;不需要高精度的控制仪表,造价较低。其主要缺点是气环箱上下移动时紧贴滤袋,使滤袋磨损加快,故障率较高。

(3) 电收尘器

电收尘器主要由电晕极、积尘极、振打装置、气体均布装置、电收尘器的壳体、保温箱、排灰装置和高压整流机组组成,如图2.1.9所示。电收尘器的主要工作部件为电晕极和积尘极。

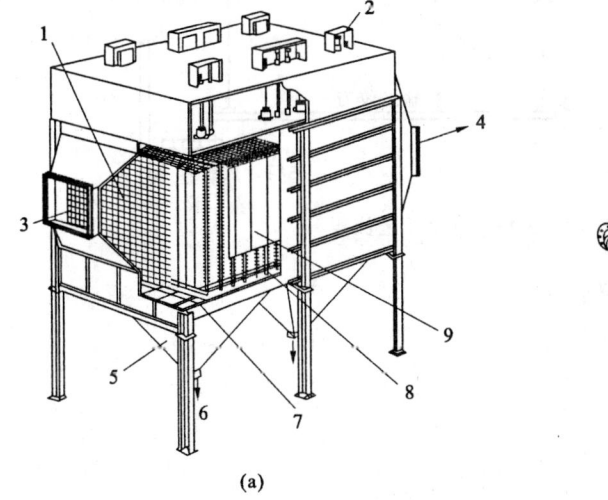 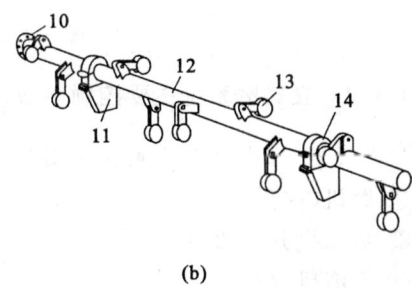

(a)   (b)

图2.1.9 电收尘器结构图
(a) 电收尘器结构图;(b) 振打装置放大图

1—气流分布板;2—保湿箱;3—含尘气体入口;4—净化气体出口(接排风机);5—集灰斗;
6—收下的灰送走;7—横梁(固定振打装置);8—电晕极;9—积尘极;10—联轴器(接电机);
11—支撑装置(固定在横梁上);12—转动轴;13—振打锤;14—滑动轴承

含尘气体通过高压电源的负极(电晕极)和正极(积尘极)之间的强电场时,被电离成正、负离子,气体的正、负离子碰撞粉尘颗粒后又使后者带电成为正、负离子。气体与粉尘的正、负离子分别向负极、正极运动,到达负极和正极后即被吸附并中和所带电荷,使气体得以净化。通过定期振打两极,可使吸附的粉尘落入集灰斗并被运走。

1.2 立式磨系统运行准备

1.2.1 立式磨系统工艺流程

立式磨系统的工艺流程如图 2.1.10 所示。由三种或四种原料经电子皮带秤按比例自动配料,送到配合料胶带输送机上,经锁风喂料装置进入立式磨内进行碾压粉磨。各种原料经磨机粉磨后,由热气流携带到磨机上方的选粉机分选,粗粉返回磨盘重新粉磨,合格的细粉随出磨气流进入旋风筒进行气料分离后收集起来,再经皮带输送机等输送设备送入生料均化库均化和储存。窑尾废气处理产生的中温气体作为该磨的烘干热源,进入磨内对含有一定水分的原料进行烘干。出磨废气经旋风筒、系统主排风机排出,一部分作为循环风回到磨内,另一部分则进入处理废气的收尘器中。

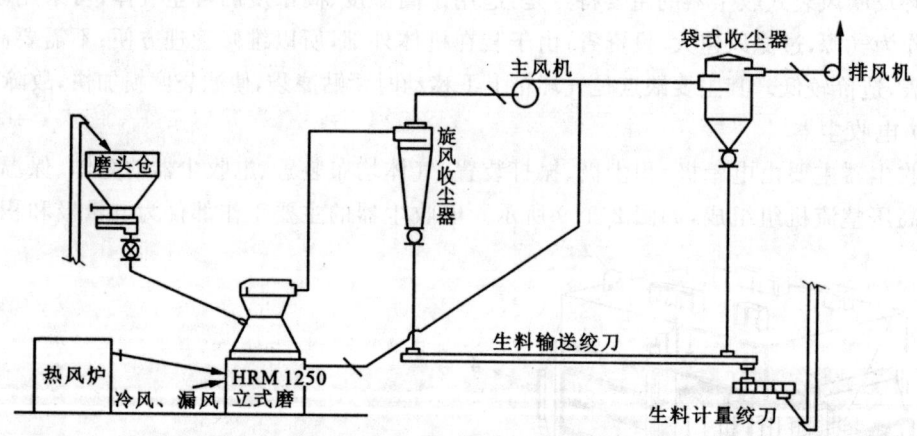

图 2.1.10 生料立式磨工艺流程

1.2.2 立式磨系统主要控制参数

1.2.2.1 立式磨系统主要检测参数
① 磨机电流;
② 成品提升机功率;
③ 入磨风温;
④ 入磨风压;
⑤ 出磨风温;
⑥ 出磨风压;
⑦ 出、入磨压差;

⑧ 选粉机转子转速；
⑨ 磨辊压力；
⑩ 磨机振动值；
⑪ 磨系统排风机电流；
⑫ 磨系统排风机出入口压差。

1.2.2.2 立式磨系统主要调节参数
① 原料的喂入量；
② 入磨热风阀门开度；
③ 入磨冷风阀门开度；
④ 立磨排风阀门开度；
⑤ 循环风阀门开度；
⑥ 选粉机的转速。

1.2.3 立式磨系统主要设备

立式磨生料粉磨系统主要设备有立式磨、选粉机及收尘器。立式磨的种类主要有MPS磨、ATOX磨、LM莱歇磨、雷蒙磨及RM伯力鸠斯磨等。

1.2.3.1 立式磨

(1) 立式磨的结构

虽然立式磨的形式不尽相同，但其结构和工作原理基本相同。其主要区别在于磨辊与磨盘的结构组合不同。磨辊沿水平圆形轨迹在磨盘上运动，通过外部施加在磨辊上的垂直压力，使磨盘上物料受到挤压和剪切作用并得以粉碎。几种主要的立式磨碾辊、磨盘形状如图2.1.11所示。

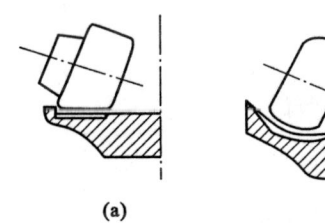
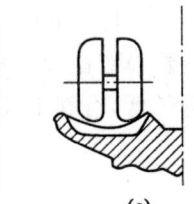
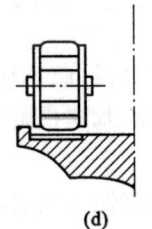
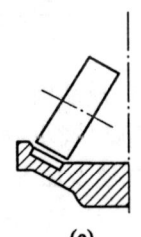

图2.1.11 主要的几种立式磨碾辊、磨盘形状
(a) LM莱歇磨；(b) MPS磨；(c) RM伯力鸠斯磨；(d) ATOX磨；(e) 雷蒙磨

立式磨由分离器、磨辊、磨盘、加压装置、减速机、电动机、壳体等部分组成，如图2.1.12所示。

分离器是保证产品细度的重要部件，它由传动系统、转子、导风叶、壳体、粗粉落料锥斗及出风口等组成。磨辊是对物料进行碾压粉碎的主要部件，它由辊套、辊心、轴、轴承及辊子支架等组成。每台磨有2～4个磨辊。磨盘固定在减速机的立轴上，由减速机带动磨盘转动。不同类型的立式磨磨盘形状各不相同，但一般都由盘座、衬板、挡料环等组成。

加压装置是提供碾磨压力的重要部件，它由高压油站、液压缸、拉杆、蓄能器等组成，能向磨辊施加足够的压力使物料粉碎。加压装置也可以是弹簧。

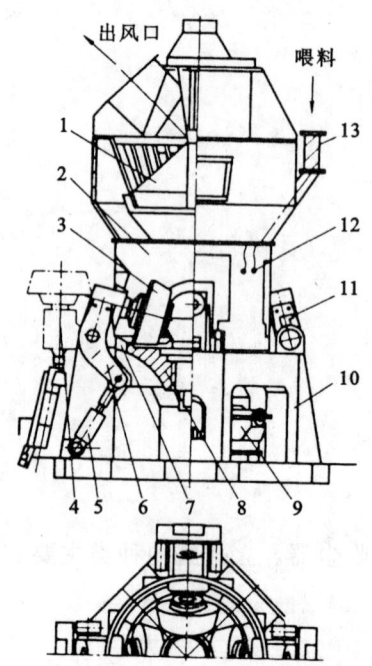

图 2.1.12 LM 莱歇磨结构
1—分离器；2—壳体；3—磨辊；4—翻辊装置；
5—液压加压装置；6—摇臂；7—圆柱销；
8—磨盘；9—传动装置；10—机座；
11—摇臂运动、磨机振动监测装置；
12—喷水系统；13—三道锁风阀

减速机既要起到减速和传递功率、带动磨盘转动的作用，又要承受磨盘、物料的重力以及碾磨压力。

(2) 立式磨的工作原理

电动机通过减速机带动磨盘转动，物料通过锁风喂料装置经下料溜子落到磨盘中央，在离心力的作用下被甩向磨盘边缘并受到磨辊的碾压粉磨。粉碎后的物料从磨盘的边缘溢出，被来自喷嘴环高速向上的热气流带起烘干。根据气流速度的不同，部分物料被气流带到高效选粉机内，粗粉经分离后返回到磨盘上，重新粉磨，细粉则随气流出磨，在系统收尘装置中收集下来，即为产品。没有被热气流带起的粗颗粒物料，溢出磨盘后被外循环的斗式提升机喂入选粉机，粗颗粒落回磨盘，再次进行挤压粉磨。

(3) 立式磨的特点

立式磨的优点包括以下几个方面：

① 粉磨效率高、电耗低。立式磨粉磨方式合理，物料分级及时，能避免物料过粉磨现象。

② 烘干能力强、效率高。立式磨通过的风量大，磨内物料处于悬浮状态，热交换条件好。

③ 入磨物料的粒度可以适当放宽，一般可达磨辊直径的 4%～5%，大型磨的允许入磨物料粒度可达 100～150 mm。

④ 成品细度调节灵活，成品细度及颗粒级配较合理。

⑤ 噪音小，扬尘少，基建投资少，磨耗低，有利于设备大型化。

其缺点如下：

① 不适宜于粉磨磨蚀性大的物料。

② 辊套和磨盘的耐磨性偏低，易磨损、松动，维修量大，运转效率低。

③ 磨机操作人员需有较高的技术水平。

(4) 立式磨的种类

① LM 莱歇磨

立式磨结构形式的不同，主要在于磨辊的几何形状、数量以及加压方式等的不同。LM 莱歇磨以锥形磨辊、水平磨盘居多，可弹簧加压或液压加压。

物料由磨机上部喂入，使磨盘形成研磨层，经磨辊研磨的物料沿磨盘挡圈的边缘溢出。磨内的物料分离装置可按细度要求进行粗细分级，细粉排出磨外，粗粉再回研磨室粉磨。粉磨力通过液压装置控制阀调节磨辊的下压来控制，调整螺栓可保持磨辊与磨盘衬板之间的适宜间隙，避免空磨时直接接触磨。检修时，启动磨辊摇臂可使磨辊翻出机外，以方便操作。

② MPS立式磨

MPS立式磨(见图2.1.13)采用鼓形磨辊和曲面磨盘,磨盘比相同能力的LM莱歇磨大,磨辊对称,可翻转使用。

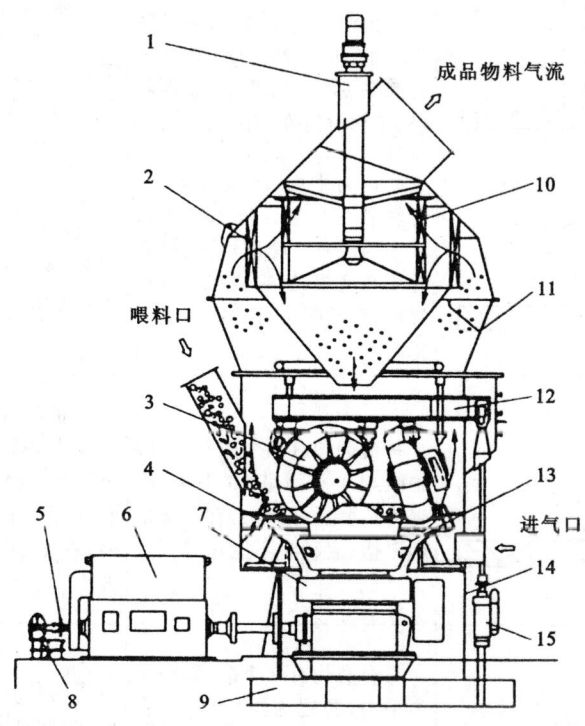

图2.1.13 MPS立式磨结构

1—分离器变速传动装置;2—分离器静态叶片;3—磨辊;4—风环;5—离合器;6—主电机;7—减速器;8—辅助电机;9—基座;10—分离器动态叶片;11—分离器壳体;12—压力框架;13—磨盘;14—架体;15—液压缸

该磨的物料由中部进料管喂入,入料粒度可达80~100 mm,粉磨后被磨盘周边环形进风口通入的热风吹起,经上部分离器分选,细粉由收尘器收集为成品,粗粉重回磨盘再进行粉磨。由于粉磨区占有较大的断面面积,通风区仅为磨盘与外壳间的环形区域,且风速高,故通风阻力较大,但烘干效率高。

③ ATOX立式磨

ATOX立式磨每台磨均有三个磨辊,磨辊轴线与水平面呈12°夹角,磨辊为轮胎形,磨盘上有一条槽形碾槽,启动时不能托起。磨辊使用弧形衬板,磨盘使用断节衬板,喷嘴环面可调整。

④ HRM立式磨

HRM立式磨由合肥水泥设计院研制。该磨采用轮胎形磨辊、弧形磨盘,加压方式为液压平动联控,分离装置采用低阻型机械传动,转速可调。磨辊与磨盘之间设有限位装置,磨辊辊套可翻面使用,并配置翻辊装置,启动该装置即可进行检修或更换磨损件。

这些设计特点对稳定料层,避免磨辊、磨盘直接接触产生振动、减少研磨消耗、方便调控及检修起到了重要作用,目前已广泛用于国内水泥厂的生料和煤磨系统中。

常见的立式磨结构特点如表2.1.1所示。

表 2.1.1 立式磨结构特点

类型	磨盘、磨辊形状	结构特点	其他特点	主要制造商
RM 伯力鸠斯磨		每台磨均有两对磨辊,每对磨辊由两个窄辊组成,装在同一轴上,能相对转动;磨盘上有两条环形槽,磨辊为轮胎形,工作时压在槽内	磨辊用液压气动装置压紧;磨内空气需要量较少;磨辊不能翻出检修	德国伯力鸠斯公司
LM 莱歇磨		磨盘为平面、磨辊为锥台,磨辊轴与水平面呈15°夹角;较小的磨有2个磨辊,大磨则有4个磨辊;磨辊能翻出机外检修;启动时可自动从磨盘上托起	视规格不同,辊数为2~4个。大型磨多为4辊液压式	德国莱歇公司 美国富勒公司 日本宇部公司
MPS 立式磨		每台磨均有3个磨辊,磨辊轴线与水平面呈12°夹角;磨辊为轮胎形,磨盘上有一条槽形碾槽,启动时不能托起	磨辊用液压气动预应力弹簧加压系统压紧;磨辊和磨盘的分片衬板易于更换;粉磨区通风阻力小	德国法埃夫公司 美国爱立斯·查莫尔斯公司
ATOX 立式磨		每台磨均有3个磨辊,磨盘为平面,磨辊为圆柱体,可在启动时托起,不能翻出机外检修	磨辊使用弧形衬板,磨盘使用段节衬板;喷嘴环面积可调	丹麦史密斯公司
雷蒙磨		磨盘研磨面为斜面,与水平面呈15°夹角,磨辊为圆柱体;大型磨有3个磨辊,小型磨有2个磨辊,磨辊能翻出机外检修	传统型为弹簧压紧,新型多为液压压紧,磨盘多为碗形	美国燃烧工程公司 日本三菱重工
E 型磨		磨盘上有一环形碾槽,上磨环也有相同的环形槽;磨盘与上磨环之间是用于碾磨物料的空心钢球,钢球的直径和个数取决于磨机的大小,一盘为6~10个	采用弹簧压紧,通过调节叶片角度控制粉磨细度	德国皮特斯公司
R 型磨		磨盘为碗形,固定不动,磨辊为圆柱形,通过辊轴悬吊在花盘上,花盘转动带动磨辊转动,由所产生的离心力研磨物料,每台磨有3~5个磨辊		英国拔伯葛公司

1.2.3.2 选粉机及收尘器

选粉机及收尘器设备相关内容参见中卸磨系统。

1.3 生料均化系统运行准备

1.3.1 生料均化系统工艺流程

生料均化系统(MF库)工艺流程如图 2.1.14 所示,当窑磨正常运行时,来自生料磨的生料及窑尾废气处理收下的生料由提升机送入库顶的分配器再进入生料均化库,在库内进行重力及气力均化。当窑正常、生料磨停时,窑灰可直接经提升机进入喂料仓,与合格生料混合喂入窑中。出均化库的生料经充气螺旋闸门、气动开关阀、电动流量控制阀进入空气斜槽,然后由提升机送入喂料仓,喂料仓的生料经充气螺旋阀、气动开关阀、流量控制阀流入冲板流量计,计量后流入空气斜槽及窑尾提升机。

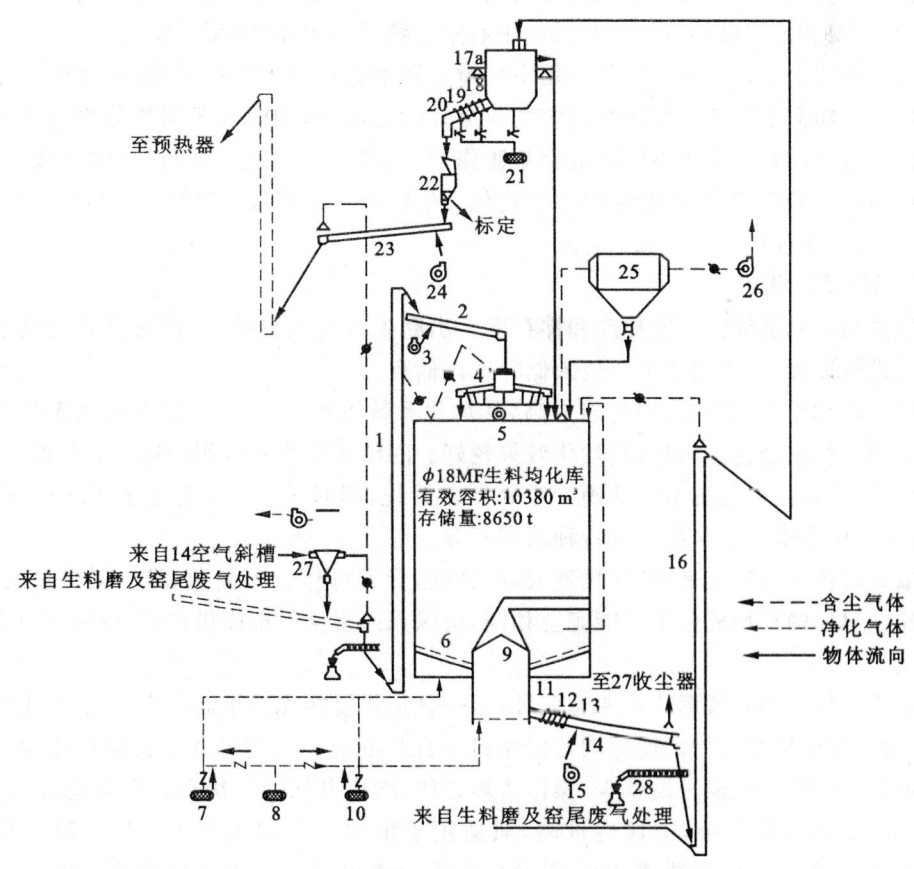

图 2.1.14 生料均化系统(MF库)工艺流程

1,16—提升机;2,14,23—空气斜槽;3,5,15,24,26—风机;4—生料分配器;6—均化库环形区充气系统;
7,8,10,21—罗茨风机;9—均化库中心室充气系统;11—充气螺旋闸门;12—气动开关阀;13,20—流量控制阀;
17—喂料仓;18—充气螺旋阀;19—气动开关阀;22—冲板式流量计;25,27—袋式收尘器;28—取样器库底环形区所需强空气由1台罗茨风机提供,并设有7台气动球阀来分配环形区的用气;中心室所需强空气由1台罗茨风机提供,另设1台罗茨风机与环形区及中心区的罗茨风机管道并联,作为备用。此外生料均化库还配置有1台供喂料仓充气的罗茨风机,外接压缩空气用于操作7台气动球阀、2台气动开关阀以及收尘器的脉冲阀。生料库顶和库侧均分别设有2台袋式收尘器,用于处理系统中的含尘气体。

1.3.2 生料均化库

1.3.2.1 生料均化库的作用和原理

生料均化库是新型干法水泥生产工艺的重要设施之一,它既是一个生料均化设施又是一个储存库,在生料磨和窑之间起着缓冲和平衡作用。它是把化学成分波动较大的出磨生料经过储存和均化,为窑系统提供合格的生料。

生料均化技术由间歇式均化库逐步发展到连续式均化库。20世纪70年代开始,我国从国外引进了几种不同形式的连续式均化库,如德国的彼得斯均化室连续均化库、混合室连续均化库、德国POLYSIUS公司的多点流连续式均化库(MF库)、丹麦F.L.S公司的控制流连续均化库(CF库)和德国汉堡IBAU公司的中心室连续式均化库(IBAU库)等。

生料均化库的工作原理主要是采用空气搅拌及重力作用下产生的"漏斗效应"(或称鼠穴效应),使生料粉向下降落时切割尽量多的料层并与之混合,同时在不同流化空气的作用下使其沿库内平行料面发生大小不同的流化膨胀作用。这样,有的区域卸料、有的区域流化,从而使库内料面产生径向倾斜,进行径向混合均化。生料均化为窑系统提供了合格的生料。

1.3.2.2 生料均化库分类及特点

(1) 间歇式均化库

间歇式均化库系统包括搅拌库和储存库。出磨生料先入搅拌库,库底设置充气装置分区轮换充气进行搅拌,搅拌后的生料送入储存库内储存。

间歇式均化库的优点是:均化能力高,其均化系数可达10~20。当入均化库的生料化学成分的平均值在控制范围内时,其均化效果较好。间歇式均化库适用于原料成分波动较大,不设预均化堆场,且配料设备不够准确的生料制备系统,同时又要求出库生料$CaCO_3$标准偏差≤±0.2%的中小型干法水泥厂及特种水泥厂等。

间歇式均化库的缺点是:基建投资大,电耗高,日常操作管理复杂,维修工作量大。此外,由于每座生料库的平均成分不可能完全相同,所以当入窑生料换库供料时,生料成分会出现阶梯形波动。

间歇式均化库的布置形式主要有三种:第一种是将搅拌库置于储存库之上,即上层为搅拌库、下层为储存库的双层库。搅拌均匀的生料靠自身的重力快速卸入下部储存库中。双层库具有占地省、流程简单、输送设备少、操作管理方便、均化电耗低等优点。但其总高度较高,库的结构和施工都比较复杂,土建造价高,只适用于地耐力好的小型水泥厂。第二种是将搅拌库与储存库分开并列布置,搅拌均匀的生料由输送提升设备送入储存库。国内小型水泥厂一般采用这种布置方式。采用这种布置方式时,应考虑搅拌均匀后的生料有不进行储存而直接入窑的可能。这种库占地面积比第一种大,还需增加一套提升设备。最后一种是单一的搅拌库,一般由多座间歇式搅拌库组成,各搅拌库既作生料均化库又可作生料储存库使用。

(2) 连续式均化库

连续式均化库的优点是：生料均化作业连续化，可使进料储存、搅拌和出料过程更合理。这种连续式均化库工艺流程简单，占地面积小，便于实现自动化控制；基建投资少，比间歇式均化库投资省 20% 左右；电耗低，操作维修费用低。

连续式均化库的缺点是：当出磨生料成分偶然性大幅度波动时，出库生料波动值偏差大，且不能进行高低料调配。因此，采用连续式均化库时，对生产过程中质量的控制较为严格，入库生料成分的绝对波动值不能过大。连续式均化库适用于水泥品种不经常变动，设有预均化堆场，原料成分较稳定，生料磨采用计量精度较高的配料设备的新型干法水泥厂。

1.3.2.3 生料均化库的库型

(1) 伯力鸠斯多点流生料均化库（简称 MF 库）

MF 库（见图 2.1.15）内充气系统由环形充气槽充气系统、卸料槽充气系统、通风道充气系统及中心室充气系统等组成。库底卸料系统由闸板阀、气动开关阀及电动流量控制阀等组成。

MF 库的特点是：生料在库内经过"重力混合"、"径向混合"、"流态混合"三个过程，在不同的力作用下混合，使生料得到充分的均化。

库内充气系统采用压力控制方式进行控制，即每个充气单元依次轮流充气的时间由中心室的充气压力大小来控制。当中心室的料位达到高料位时，安装在中心室充气管道上的压力传感器传出信号让连续运转的供气风机将风送入隧道中，气体由隧道排至库顶，进入收尘器，中心室立即停止进料；当中心室物料经卸料口连续卸出达到最低位时，压力传感器传出信号让连续运转的供气风机将风送入环形区下一个充气单元，即开始进料，压力传感器的极限信号在现场标定。

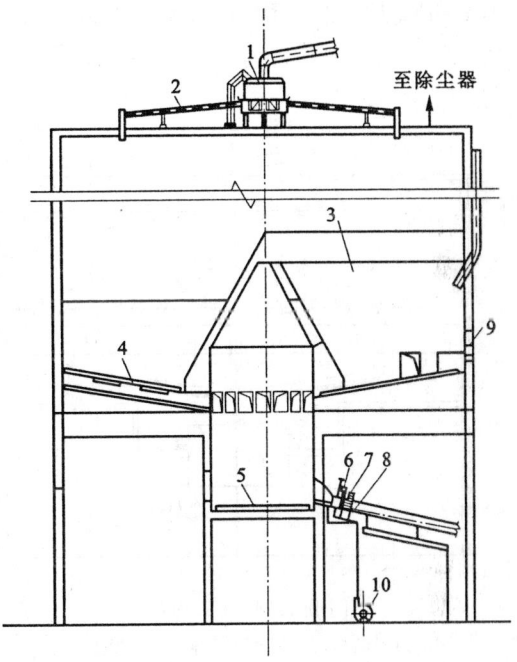

图 2.1.15 MF 均化库
1—生料分配器；2—进料斜槽；3—隧道区；
4—环形区充气箱；5—中心室充气箱；6—闸板阀；
7—气力开关阀；8—电动流量阀；
9—库侧检修门；10—斜槽风机

该库单独使用时，均化系数为 6~8；双库并联时可达 10。由于该库主要是加强重力混合和径向混合作用，故中心室体积小，充气量小，单库均化电耗为 0.12~0.16 kW·h/t 生料。都江堰拉法基、浙江化强及宁国等水泥厂均采用此种均化库。

(2) 控制流连续式生料均化库（简称 CF 库）

CF 库（见图 2.1.16）是由丹麦史密斯公司开发制造的，其库顶入料方式有多点和单点卸料两种。生料以不同的速度依次从库底的 3 个不同下料口卸出，这种方法几乎使库内物料一直处于活动状态，库容可达到最佳的利用效果。

该库库底分成大小相等的 7 个正六边形卸料区，每个卸料区又由 6 个三角形充气区和一个卸料口组成，共有 42 个三角形充气区。库底充气由 3 台规格相同的风机供气，由程序控制供气管道上的 42 个阀门和卸料溜槽上的 7 个阀门的开启时间，使库底各三角形充气区的生料以不同的速度卸出,并使各个出口的料流混合在一起。在实际运转中,可调整各卸料装置的卸料时间和卸料量的分配,选择出最佳的卸料阀分配效果。每个卸料口上部设有减压锥,卸料口的下部有卸料阀和空气输送斜槽,将卸出的生料送入库底卸料区。库底各区卸料分配控制使不同成分的生料在同一时间以不同速度、不同料量卸出,产生强制下料的效果。总卸料流量控制使输入喂料仓的料量基本上和出喂料仓的料量保持一致。两个控制系统各自独立运行。生料先在库内进行重力均化,然后又在中央喂料仓内进行气力均化,均化效果好。

实际操作时7个卸料口中只同时使用3个,每台风机每次只对1个三角形小区充气,均化电耗为$0.2 \sim 0.3$ kW·h/t生料。该库设备投资大,控制系统复杂,但库的有效利用率高,均化系数可达$10 \sim 16$。柳州、上海和重庆等地的水泥厂多采用此库。

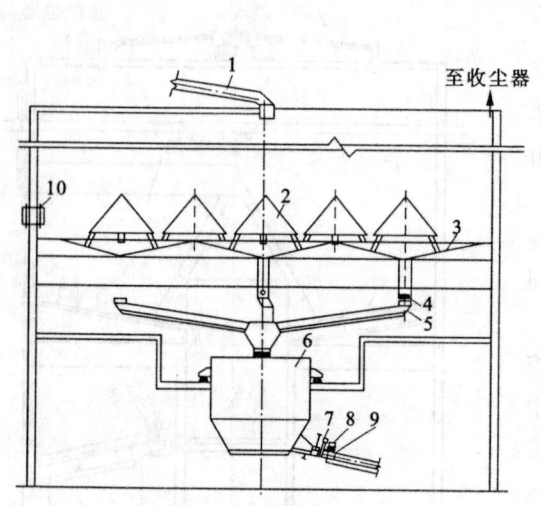

图2.1.16 CF均化库

1—进料斜槽;2—库底减压锥;3—库底充气箱;
4—闸板阀;5—气动开关阀;6—喂料仓;7—闸板阀;
8—气动开关阀;9—电动流量阀;10—库侧检修门

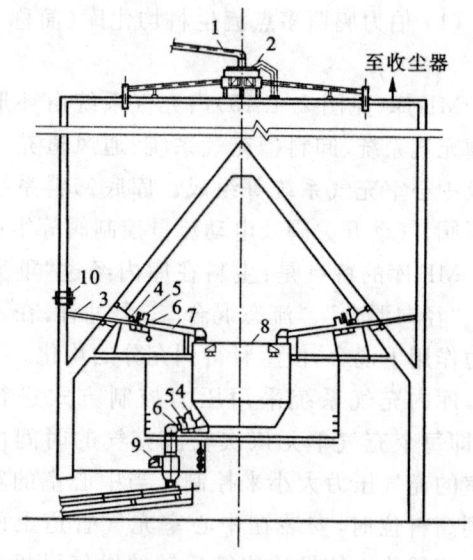

图2.1.17 IBAU均化库

1—生料分配器;2—进料斜槽;3—环形充气箱;
4—闸板阀;5—电动流量阀;6—电动流量阀;7—斜槽;
8—均化仓;9—冲板流量计;10—库侧检修门

(3) 中心室连续式生料均化库(简称 IBAU 库)

IBAU库(见图2.1.17)由德国汉堡 IBAU 公司开发制造。

该库的特点是库底中心设有一个大圆锥,通过它将物料的载荷传递到库壁,结构比较合理。库壁与圆锥之间的环形区被划分为$6 \sim 8$个充气区,每区设有流量控制阀和气动开关阀控制卸料量。生料混合发生在卸料过程中,相对的两区按时轮流充气卸料。两个卸料口在卸料过程中都形成漏斗状料流并切割料层,产生重力混合作用。生料由库内卸出进入中心室后,又靠连续充气搅拌而得到气力均化。

这种均化库的最大优点是动力消耗低,仅为$0.1 \sim 0.2$ kW·h/t生料。此库的均化效果取决于库的个数和装入生料的高度,单库操作时均化系数为7,双库并联时可达10,三库并联时可达15。其缺点是施工复杂,造价较高。金顶2500 t/d、烟台5000 t/d、白马山5000 t/d等水泥厂均采用此库。

1.3.2.3 影响均化效果的主要因素

出现均化效果不好的原因包括:

① 空气装置本身状况不佳,如出现泄漏、堵塞短路等;
② 充气压力(一般供气压力要求 60~90 kPa)不正常、风量不足或空气中含有水分;
③ 生料粉含水率大于 0.5%;
④ 入库生料粉成分波动大,与该均化库可能达到的均化效果不适应;
⑤ 使用不当,如首次使用时未保持库内干燥并清除杂物,或长期使用后未清库(一般 1~2 年需清库一次),存在死料区及库内充气箱损坏,造成物料流通不畅,物料被压实或结团,使均化库失去均化作用。

任务 2　生料制备系统开停车操作

任务描述:熟悉生料制备系统(中卸磨、立式磨)开停车前的准备工作,通过学习掌握中卸磨、立式磨开停车的正常操作方法。

知识目标:掌握生料制备系统(中卸磨、立式磨)开停车操作方法。

能力目标:能进行生料制备系统(中卸磨、立式磨)开停车的相关操作。

2.1　中卸磨系统开停车操作

2.1.1　中卸磨系统开车前的准备

① 掌握入磨物料的物理性质,了解粉磨产品的各项计划指标要求,以保证生产的产品满足要求。

② 观察磨仓的备料情况,石灰石、熟料等物料必须有一定的库存储量,一般应满足 4 h 以上的生产需要,其他辅助物料也应根据配料和生产情况适量准备,避免磨机运转中断料而影响生产。

③ 检查磨内各仓研磨体装载量是否符合要求,检查磨内衬板、隔仓板和出口篦板有无破损及形态已不符合规定的情况。磨内若有喷水装置时还应检查喷头是否完好。

④ 检查喂料装置是否正常。

⑤ 检查磨机各部分的螺栓有无松动。

⑥ 检查选粉机、收尘器、提升机和其他输送设备是否正常,并单机试机以确保正常运行。

⑦ 检查入磨水管的水压是否正常,冷却水管及下水道是否畅通。如遇小修或短时停磨,不宜关闭冷水,以便在夏天时增加降温效果,在冬天时防止结冰造成水管冻裂。

⑧ 检查磨机及其他辅机传动部分的润滑油是否适量,油质是否符合要求。

⑨ 检查磨机及其他辅机的安全装置结合信号是否良好,开车时应注意附近是否有人。

⑩ 做好其他开车前的准备工作,保证磨机顺利启动。

2.1.2　中卸磨系统开车操作

中卸磨系统采用中央控制室集中控制,备有 PC 程序控制系统,开停车均由中控操作控制。生料磨中控开车组分为库顶收尘器组、气力提升泵、油泵组、排风机系统组、生料输送组、选粉机组、提升机组、磨机组及喂料组等。除油泵组单独与磨机组联锁外,其他各组均进入系统联锁。

正常的开车顺序是逆流程开车,即从进生料均化库的最后的输送设备(提升机)起顺序向前开,直至开动磨机后再开喂料机。具体流程是:启动前准备→磨润滑系统启动→生料入库组(若窑灰入均化库,该组在启动窑灰处理前启动)→生料输送组→排风机系统组→烘磨→选粉机组→出磨输送组→磨主电机备妥,脱开辅传离合器→调整系统各阀门开度→磨主电机→入磨输送组→设定喂料量→进入自动调节回路。应该注意的是,在开动每一台设备时,必须等前一台设备运转正常后,再开动下台设备。开车前的准备工作完成并确保正常无误,磨机启动时应先启动减速机和主轴承的润滑油泵及其他润滑系统。

采用静压轴承的磨机,待主轴承油泵压力由零增加到最大值,又回到稳定压力(一般为 1.5~2.0 MPa)时表明静压润滑的最小油膜已形成,可启动磨机主电机(若设有辅助传动装置,应先开动辅助传动装置,10 s 后方可开主传动装置)。采用磨体淋水的磨机,可首先开始供水,并注意应由少到多逐步增加至正常水平。所有设备正常后便可进行喂料。

采用自动控制喂料的磨机,可以保证磨机的喂料量均匀并按一定程序逐步加大,实现最优操作。其控制原理是,磨机启动后检测出它的负荷值,计算机按一定数学模型运算处理,向喂料调节器送出喂料量的目标值,使之逐步增加喂料量,直至磨机进入正常负荷状态为止。

2.1.3 中卸磨系统停车操作

停车一般分为正常停车和紧急停车两种。

2.1.3.1 正常停车

正常停车的顺序与开车的顺序相反,即顺流程停车,且每组设备之间应间隔一段时间,以便使系统各设备排空物料。其具体流程是:喂料系统→球磨机→出磨提升设备→选粉机系统→成品输送系统→收尘系统→润滑冷却系统。应该注意的是,当磨机停车后,磨机后面的输送设备一般应继续运转,直至把其中的物料输送完后为止。若是更换衬板、隔仓板、研磨体且时间较长时,应先停喂料机,使磨机仍继续运转 10 min,待磨内物料尽可能排空时再停磨。

2.1.3.2 紧急停车

只有在发生异常情况,将危及人身和设备安全时才允许采用紧急停车。其操作方法是紧急停磨的同时,磨机喂料输送系统设备自动停止,磨机支承装置及润滑装置的高压泵立即启动。如果故障在短时间内可以排除,可以不停系统其他设备,待故障排除后重新启动磨机主电动机和喂料输送系统设备;如果故障在短时间内无法排除,系统其他设备应顺流程停车。设备超负荷或出现严重的设备缺陷,以致造成磨机不能继续运转的情况通常有以下几种:

① 磨机的电动机运转负荷超过额定电流值;选粉机和提升机等辅机设备的电动机运转负荷超过额定电流值。

② 磨机和主减速机轴承温度超过停车温度(如磨机轴承温度超过 65 ℃时);各电动机的温度超过规定值。

③ 润滑装置出现故障,不能正常供油;冷却水压因故陡然下降而不通。

④ 磨机衬板、挡环、隔仓板等的螺栓因折断而脱落。

⑤ 磨音异常,包括内部零件脱落。

⑥ 主电动机、主减速机出现异常振动及噪音,地脚螺栓松动;轴承盖螺栓严重松动。

⑦ 边缘传动的磨机大、小齿轮啮合声音不正常,特别是出现较大振动。

⑧ 各喂料仓的配合原料出现一种或一种以上断料而不能及时供应；磨机出磨物料输送系统设备及后面的系统设备出现故障，不能正常生产。

⑨ 收尘设备发生故障而停止通风收尘；各辅机设备和输送设备发生故障。

在紧急停磨后，应首先停止喂料，然后根据实际情况停掉系统设备并处理故障，处理好故障后才能恢复生产。此外，对于整个粉磨系统的安全防护罩及其他安全设施要保证完好，供水及供油系统的密封、室内照明等都应尽量完善。

2.1.3.3 停车操作注意事项

① 对于干法磨机，应关闭主轴承内的水冷却系统。

② 静压轴承停车后，高压油泵还应运行 4h，使主轴承在磨体冷却过程中处于良好的"悬浮"状态，以防擦伤轴承表面。

③ 设有辅助传动装置的磨机，在停车初期，每隔一定时间应启动辅助电机一次，使磨机在 0.17~0.20 r/min 转速下运转一定时间，以防筒体变形；没有辅助传动装置的磨机，应将磨内研磨体倒出，或用千斤顶顶住磨机筒体，以防止筒体被压弯。

④ 若因检修需要停车，应启动辅助传动装置，慢速转动磨体，当辅助电机电流基本达最低值，即球载中心基本处于最低位置时，立即把磨机、磨门停在要求的位置，以免频繁启动磨机。

⑤ 对于有计划的长期停车，停车后应按启动前的检查项目检查设备各部分是否完好。冬季停磨时间较长时，待磨机筒体完全冷却至环境温度时，可停掉冷却水，用压缩空气将所有通冷却水的机件内的剩余水吹净。循环水可以不停，但需注意防冻。对于长期停磨，必须将磨内研磨体倒出，防止磨机筒体变形，并定期用辅助传动装置翻磨。

2.1.4 中卸磨系统试运转与正式投产

（1）磨机的试运转

新安装或大修后的磨机，必须进行空车试运转（磨内无研磨体或物料），其运转时间不得小于 18 h。在运转中发现传动部件产生较大振动、有杂音或运转不平稳，轴承的润滑系统供油情况不良，轴承温度过高（超过 80 ℃），衬板螺栓和地脚螺栓松动等情况，必须及时修理。

经空载试车良好并无其他异常现象，即可向磨内加入规定数量 1/3 的研磨体，运转 20 h 后再加入 1/3 的研磨体，继续运转 80 h 后将余下的研磨体全部加入，直至试运转正常为止。每次加入研磨体时，都应加入相应数量的物料。在试运转时，必须经常注意磨机电流是否超过规定值，设备是否运行正常，若发生异常应及时处理。

（2）磨机正式投入生产

磨机经试运转后，符合下列条件方可正式投入生产：磨机的零部件完好；研磨体装载量达到规定数量；所有螺栓均完好；选粉机和收尘设备等辅助设备完好；电动机和减速机设备完好；轴承、大小齿轮和各部位的润滑油符合要求；整个粉磨系统的安全设备、密封设备、照明系统及各岗位间的联系信号完好。

2.2 立式磨系统开停车操作

2.2.1 立式磨系统开车前的准备

① 检查系统联锁情况。

② 开车前 1 h 通知巡检人员做好开车前的检查工作,如少于一天的短时间停车,可提前 15 min 通知巡检人员。

③ 通知变电站和化验室等相关人员准备开磨,并向化验室索取质量通知单。

④ 检查配料站各库(仓)内的物料料面位置,根据质量通知单确定进入磨机的各物料比例。

⑤ 检查仪表各测量点是否显示正常。

⑥ 检查各风门、阀门是否处于集中控制位置。

⑦ 将所有控制仪表由输出值调整至初始位置。

2.2.2 立式磨系统开车操作

① 原料磨通风前,必须先启动密封风机组,然后再开启废气处理及生料输送部分。

② 在不影响窑的操作的情况下,启动原料磨循环风机。启动前,先关闭进入磨机的热风风门、出口风门,全开旁路风门。

③ 启动生料库顶袋式收尘器;启动生料入库设备。

④ 启动预热器后的收尘设备的粉尘输送设备;启动增湿塔的粉尘控制设备。

⑤ 窑在运行时,电收尘器后的排风风门应向大的方向开启,以保持窑用风的稳定。根据增湿塔的出口温度,适时调节增湿用水量,并通知巡检人员检查增湿设施有无"湿低"迹象。

⑥ 如果利用窑的废气开磨,应打开热风风门、磨机出口风门,升温以完成生料烘干。此时可调节冷风风门、循环风风门、旁路风门及热风风门等,达到控制磨机出口温度的目的。在烘烤过程中,温度控制回路、压力控制回路均调为手动控制。

如果利用热风炉开磨,应确认高温风机出口风门及旁路风门关闭、磨机出口风门全开,通知巡检人员,做好热风炉点火准备;按《热风炉操作规程》使热风炉投入运行;通过调节热风炉燃油(煤粉)量、循环风风门及冷风风门控制磨机出口温度。

⑦ 启动生料磨润滑、选粉机、粗粉返回磨机等设备。

⑧ 在主电机所有联锁条件满足时,确认无其他主机设备启动的情况下,启动生料磨主电机。

⑨ 磨机充分预热后,启动磨机喂料设备。

⑩ 为稳定操作,可适时开启原料磨机的喷水泵。根据石灰石配料库的料位,适时启动收尘及石灰石料输送系统,稳定原料的供料,并注意废料仓经常保持排空。

2.2.3 立式磨系统停车操作

(1) 计划停车操作

立式磨系统停车顺序与正常开车顺序相反。

(2) 计划外故障停车操作

故障停车就是在系统运行过程中,因设备突然发生故障、电机过载跳闸、极端设备保护跳闸、现场停车按钮误操作等而发生的部分或全部设备的联锁停车。其操作顺序如下:

① 停止喂料设备。
② 如停车时间较长,应通知现场停止向配料站及各仓进料。
③ 停止向磨内喷水的水泵。
④ 停止原料磨主电机组。
⑤ 如利用窑尾废气开磨,应打开旁路风门及冷风风门,逐渐减小热风风量;如需进入磨机内检查,则应关闭热风风门及磨机出口风门;如利用热风炉作为烘干热源,则应停止热风炉。

任务 3　生料制备系统正常运行操作

任务描述:熟悉生料制备系统(中卸磨系统、立式磨系统、均化系统)的正常控制参数,通过学习能进行生料制备系统的正常运行操作。

知识目标:掌握生料制备系统(中卸磨系统、立式磨系统、均化系统)的正常控制参数及操作方法。

能力目标:能进行生料制备系统(中卸磨系统、立式磨系统、均化系统)的正常运行操作。

3.1　中卸磨系统正常运行操作

3.1.1　中卸磨系统操作基本原则

磨机操作是一个建立平衡、稳定平衡的过程,操作人员一定要加强责任心,立足一个"勤"字,着眼一个"稳"字,保证一个"均"字,在操作中喂料要均匀,关注磨音曲线,关注磨主机、提升机功率和电流曲线,关注出磨物料和成品及回料的细度,关注磨头、磨中压差曲线,关注出磨物料温度及磨机通风管道的气体温度和压力,做到粗磨仓和细磨仓的粉碎能力、选粉能力与粉磨能力、烘干能力与粉磨能力之间的平衡,以充分发挥粉磨系统的生产能力。

(1) 粗磨仓和细磨仓的粉碎能力平衡

通过听磨音,调节分料阀使粗磨仓和细磨仓的粉碎能力平衡,达到优化产质量的目的。磨机正常喂料时,若粗磨仓磨音过高,出磨提升机电流偏低,则应增大喂料量;反之,则应减小喂料量。

(2) 选粉能力与粉磨能力平衡

通过细度筛析(出磨、回料、成品),以循环负荷和磨机产量作图,找出磨机产量较高时的循环负荷值,作为生产操作控制范围。

(3) 烘干能力与粉磨能力平衡

衡量烘干能力的办法是在磨内作业正常的情况下,磨内没有出现糊球、粘磨、堵篦孔等现象,且出磨物料水分小于 1.0%,出磨气体温度适当,并应高于露点 30~50 ℃(一般出磨温度为 90 ℃),则表示两者平衡。若烘干能力不够,应开大进磨头热风(温度或量)阀门。

3.1.2 中卸磨系统主要控制参数

中卸磨系统在生产中需要控制的参数很多,参数间的因果关联也比较紧密。这些参数包括检测参数和调节参数。检测参数反映了其运行状态,检测参数的调整与控制是通过调节参数的调整来实现的。

中卸磨系统的主要控制参数与其生产能力大小、生产设备种类、工艺布置、生料性质、产品质量要求等有关,实际生产中以生产控制要求为准。表 2.3.1 为中卸磨系统主要控制参数,其中 1~13 为检测参数,14~24 为调节参数。

表 2.3.1 中卸磨系统主要控制参数

序号	变量名称	最小值	正常值	最大值	单位
1	磨机电耳	0	55	100	%
2	提升机功率	0	80	100	kW
3	进磨头热风温度	0	220	300	℃
4	进磨头热风压力	−800	−500	0	Pa
5	进磨尾热风温度	0	220	300	℃
6	进磨尾热风压力	−800	−500	0	Pa
7	出磨气体温度	0	100	150	℃
8	出磨气体压力	−3500	−800	0	Pa
9	出选粉机气体温度 A	0	75	140	℃
10	出选粉机气体压力 A	−7500	−3000	0	Pa
11	出选粉机气体温度 B	0	75	140	℃
12	出选粉机气体压力 B	−7500	−3000	0	Pa
13	选粉机功率	0	60	100	kW
14	0.08 mm 筛筛余	0	12	100	%
15	原料喂料总量	21	180	210	t/h
16	热风总阀开度	0	50	100	%
17	进磨头热风阀开度	0	50	100	%
18	进磨头冷风阀开度	0	50	100	%
19	进磨尾热风阀开度	0	50	100	%
20	进磨尾冷风阀开度	0	50	100	%
21	选粉机转速	53	170	210	r/min
22	循环风阀门开度	0	50	100	%
23	主排风机进口阀开度	0	50	100	%
24	系统排风阀开度	0	50	100	%

3.1.3 中卸磨正常运行控制

影响中卸磨生产能力的因素主要有衬板形式、研磨体级配和装载量、磨机转速、循环负荷率、选粉机及物料的含水量和粒度、喂料量、热气流的温度和流速等。烘干能力和粉磨能力的平衡程度对烘干磨的操作影响较大,并对烘干磨的实际生产能力起决定性的作用。

3.1.3.1 喂料量控制

① 磨机电耳测得的磨音强弱反映了磨内存料量的多少和磨内粉磨能力的大小。正常运转时,磨音强度为50%~60%。磨音强度小,反映磨内料多,反之则料少。磨音强度为最大值100%时报警,说明磨内无料。可根据入磨物料粒度、产品细度及时调整喂料量。

② 提升机功率的大小反映出通过磨内料量的大小。功率大,说明通过磨内的料量大;功率小,则通过磨内的料量小。

因磨内物料通过量由喂料量和粗粉回料量两部分组成,所以,常以提升机功率的大小作为调节磨机喂料量的第二位调节变量。

3.1.3.2 风量控制

① 系统中热风、冷风及排风机的阀门是用来调节系统各点的温度及压力的,如磨头、磨尾两端所设热风阀是用来调节入磨热风温度及使两端的负压相等的。当负压增大时,则将热风阀门开大;反之,负压降低,则将热风阀门关小。当磨机出口压差减小时,则需将排风机阀门开大,或将入选粉机的循环阀门关小。

② 粗粉回磨头、磨尾的量,正常情况下控制为1/3回磨头、2/3回磨尾,通过计量皮带机的计量显示来调节选粉机下的分料阀来实现,且一般调好后不常变动。

③ 系统的总风量直接关系到粉磨系统的产品质量。风量的调节,除了根据磨机进出口压差外,还应视选粉机的出口压力来调节。

④ 循环风阀门主要用来调节选粉机的工作风量。当出磨风温下降,负压增大时,则可将循环风阀门开大,以提高出磨上升管道中气体的速度。

⑤ 正常情况下当入磨原料水分≤5%时,要求出磨物料水分≤0.5%。水分的高低主要是通过调节热风用量及温度来控制的。

3.1.3.3 出磨生料细度控制

出磨生料细度主要通过调节选粉机的转速来控制。转速快,产品细;反之,则粗。细度太细会降低磨机产量,使电耗增大;太粗虽产量提高较多,但会影响熟料的质量。

3.2 立式磨正常运行操作

3.2.1 立式磨生料制备系统的主要控制参数

立式磨生料制备系统的主要控制参数与其生产能力大小、生产设备种类、工艺布置、生料性质、产品质量要求等有关,实际生产中以生产控制要求为准。表2.3.2为立式磨系统主要控制参数。其中1~8为检测参数,9~15为调节参数。

表 2.3.2 立式磨系统主要控制参数

序号	变量名称	最小值	正常值	最大值	单位
1	入磨气体温度	0	220	350	℃
2	入磨气体压力	−6000	−2000	0	Pa
3	出磨气体温度	0	95	150	℃
4	出磨气体压力	−15000	−8300	0	Pa
5	磨机进出口压差	−10000	−3000	0	Pa
6	磨机排风机出口温度	0	95	150	℃
7	旋风收尘器出口温度	0	95	150	℃
8	旋风收尘器出口压力	−15000	−9000	0	Pa
9	原料喂料总量	21	180	210	t/h
10	入磨热风阀门开度	0	50	100	%
11	入磨冷风阀门开度	0	50	100	%
12	回磨循环风阀门开度	0	50	100	%
13	立磨选粉机转速	0	90	110	r/min
14	排风机进口阀门开度	0	50	100	%
15	出磨入电收尘器阀门开度	0	50	100	%

3.2.2 立式磨调节参数与检测参数之间的关系

立式磨生料制备系统的检测参数反映了其运行状态,可通过调节参数的调整来实现对检测参数的控制。立式磨的调节参数调整引起检测参数的变化关系如表 2.3.3 所示。

表 2.3.3 立式磨的调节参数调整引起检测参数的变化关系

检测参数	调节参数							
	喂料量增加	气体流量增加	进口温度增加	选粉机速度增加	磨机压差增加	辊子压力增加	挡料环高度增加	喂料粒度增加
气体流量	↓	↑	↓	→	↓	→	→	→
磨机能力	↑	↑	→	↓	↑	↑	↑	↓
磨机压差	↑	↓	↓	↑		↑	↑	↑
产品细度	↓	↓	→	↑	↓	↓	↓	↓
内部循环负荷	↑	↓	↓	↑	↑	↓	↑	↑
排渣	↑	↓	→	↑	↑	↓	↓	↑
辊子压力	↑	↓	↓	↑	↑	↑	↓	↑

续表 2.3.3

检测参数	调节参数							
	喂料量增加	气体流量增加	进口温度增加	选粉机速度增加	磨机压差增加	辊子压力增加	挡料环高度增加	喂料粒度增加
选粉机电流	↑	↑	↓	↑	↑	↓	↑	↑
出口温度	↓	↓	↑	→	↓	→	→	↓
进口压力	↓	↓	→	↑	→	→	→	↓
出口压力	↑							
磨机电流	↑							
磨机风机电流	↑		↓		↑			

注:↑表示上升,↓表示下降,→表示不变。

3.2.3 立式磨系统正常运行控制

3.2.3.1 立式磨系统正常运行操作要点

(1) 稳定的料床

适合的料层厚度、稳定的料层是立式磨料床粉磨的基础,是其正常运转的关键。料层太厚,粉磨效率降低;而料层太薄将引起剧烈振动。料层厚度受各操作参数的影响。如辊压加大,产生的细粉多,料层太薄;辊压变小,产生的细粉少,相应的返回料多,料层变厚。再如,磨内风速提高,内部循环增强,料层增厚;降低风速,内部循环减弱,料层变薄。一般立式磨经磨辊压实后的料床厚度为 40~50 mm。

(2) 适宜的辊压

立式磨是借助于对料床高压粉碎来进行粉磨的,压力增加则产量增加,但达到某一临界值后不再变化。辊压要与产量、能耗相适应。辊压大小取决于物料性质、粒度以及喂料量。一般实际操作时,在正常负荷情况下,辊压可以为最大限压的 70%~90%。

(3) 合理的风速

立式磨系统主要靠气流带动物料循环,合理的风速可以形成较好的内部循环,使盘上料层适当、稳定,有利于提高粉磨效率。在生产过程中,当风环面积确定时,风速由风量决定,合理的风量应和喂料量相联系。如喂料量大,则风量大;相反,喂料量小,则风量小。

(4) 适宜的温度

立式磨是烘干兼粉磨系统,出磨气体温度是衡量烘干作业是否正常进行的综合指标。如果温度太低,烘干能力不足,成品水分大,粉磨效率及选粉效率低,可能造成收尘系统冷凝;温度太高,表明烟气降温增湿不够,会影响收尘效果。一般控制出磨气体温度为 80~90 ℃。

3.3.2.2 立式磨系统正常运行控制

(1) 根据原料水分含量及易磨性,正确调整喂料量及热风风门,控制喂料量与系统用风量的平衡;加大喂料量的幅度可根据磨机振动、出口温度、磨机压差及吐渣量等因素决定,在增加喂料量的同时,调节各风门开度,保证磨机出口温度。

(2) 减少磨机振动,力求运行平衡。应注意以下几点:① 喂料平衡,每次加减幅度要小,防止磨机断料或来料不均匀,如喂料已发生断料,应立即按故障停机。② 通风平稳,每次风机风门调整幅度要小。

(3) 严格控制磨机出入口的温度。磨机出口温度一般控制在 80~90 ℃ 范围内,可通过调整喂料量、热风风门和冷风风门控制;升温要求平缓,冷态升温烘烤 60 min,热态需要 30 min。

(4) 控制磨机压差。磨机的压差主要由磨机的喂料量、通风量、磨机的出口温度决定,在压差变化时先看喂料是否稳定,再看磨机入口温度变化。

入磨负压过低,磨内通风阻力大,通风量小,磨内存料多;若入磨负压过大,磨内通风阻力小,通风量较大,磨内存料少。调节负压时,入磨物料量、各检测点压力、选粉机转速正常时,入磨负压在正常范围内变化,通常调节磨内存料量或根据磨内存料量调节系统排风机入口阀门开度,使入磨负压在 −600~−500 Pa。

立式磨磨内通风一定、各监测点压力正常的情况下,出入口压差过大,表明磨内喂料量过大。调节立式磨进出口压差,通常调节入磨喂料量来稳定出入口压差,使之稳定在 8~9.5 kPa。

(5) 质量控制指标

各化学成分的控制是在 X 荧光仪对来样进行分析后,与给定值比较,如有偏差,DCS 系统将自动调整相应组分皮带秤,以保证生料各化学组分合格。操作员应随时观察 X 荧光仪的检验结果,如发现偏差应立即找原因。

通过热风风门、冷风风门及喷水量的调节,对来料水分进行调节。

通过选粉机转速的调整,完成对产品细度的调整。出磨生料细度主要反映选粉机工作情况的好坏或系统通风量的大小。在系统通风一定、各监测点压力正常的情况下,生料细度改变,表明选粉机转速发生变化或选粉机内部结构有损坏;若选粉机转速未发生变化,表明磨内通风量改变。处理方法通常是调节选粉机转速来控制。若是因系统通风量变化造成的,则需调节系统排风机阀门开度。

(6) 注意观察和控制吐出粗渣的料量,如吐出粗渣的料量过多应首先减料并迅速采取对应的措施。

(7) 注意观察运行参数的控制范围。

3.3 生料均化系统正常运行操作

(1) 控制均化库内物料料面高度

当库内料位太低时,由于大部分生料进库后很快就出库,重力均化作用明显下降。如果库内料面比搅拌室料面还低时,搅拌效果将变差。库内料面高度要大于其最低允许值,具体数值需参考厂方规定。

(2) 控制均化时间

环形区每个区的充气时间不能太短。因为时间太短,每个区切割的生料层变薄,切割层数变少,重力均化效果差。通常每个环形区的充气时间一般为 20 min,完成一个均化周期一般需要 1 h。

任务 4　生料制备系统常见故障处理

任务描述：熟悉生产中生料制备系统（中卸磨系统、立式磨系统、均化系统）的常见故障及处理方法。

知识目标：掌握生料制备系统（中卸磨系统、立式磨系统、均化系统）的常见故障处理方法。

能力目标：能正确处理生料制备系统（中卸磨系统、立式磨系统、均化系统）的常见故障。

4.1　磨机故障处理

4.1.1　磨音异常

(1) 现象：磨音发闷，磨尾下料少，磨头可能出现返料现象，"饱磨"（又称闷磨、满磨）。

原因分析：磨机进出料不平衡，磨内存料过多，喂料过多或入磨物料的粒度及硬度过大，未能及时调整喂料量；入磨物料水分大，通风不良，造成隔仓板堵塞，物料流速降低；钢球级配不合适；闭路磨机的选粉效率低，回料过多，磨机的负荷增加。

处理方法：一般先应减少喂料量，如果效果不明显，则需停止喂料，待磨机正常后，再逐渐加料至正常。

(2) 现象：磨音低沉，有时发出"呜呜"的声音，出磨气体水汽大，物料较潮湿，研磨体表面黏附一层细粉，磨机粉磨效率降低，磨尾排出大量的粗颗粒物料，"包球"。

原因分析：入磨物料水分大、温度高，磨机内通风不良。

处理方法：加强物料烘干，及时清扫风管，加强磨内通风，降低熟料温度，也可在磨外淋水、磨内喷入少量雾状水。

(3) 现象：磨音降低，提升机功率下降，粗粉分离器出口负压上升，现场听二仓（或细磨仓）磨音很响。

原因分析：一仓（或粗磨仓）堵塞。

处理方法：减少或停止喂料并观察，增大磨机通风量。如效果不好，停磨检查。

(4) 现象：磨音低，提升机功率下降，粗粉分离器出口负压上升，现场听二仓（或细磨仓）磨音低沉。

原因分析：二仓（或细磨仓）堵塞。

处理方法：减少或停止喂料并观察，增大磨机通风量，停止喷水。如效果不好，停磨检查。

(5) 现象：磨音低，提升机功率大。

原因分析：磨头喂料量大，磨内料多、研磨体少。

处理方法：减少原料喂料总量，增加主排风机进口阀开度。

(6) 现象：磨音高，提升机功率小。

原因分析：磨头喂料量小，磨内料少、研磨体多。

处理方法：增加原料喂料总量。

4.1.2 生料细度异常

(1) 现象：生料细度过细。

原因分析：选粉机转速高(选粉机转速增加 20 r/min，生料细度筛余降低 2.0%)。

处理方法：降低选粉机转速。

(2) 现象：生料细度过粗。

原因分析：选粉机转速低。

处理方法：增加选粉机转速。

4.1.3 磨机设备异常

(1) 现象：立式磨出现剧烈振动。

原因分析：

① 有硬异物进入，使磨内发生突发性振动，应严格执行除铁程序。

② 落料点不当。落料点偏在一边，可能引起磨机周期性振动。

③ 喂料粒度变化。粒度过粗、过细，且频繁变化，造成磨辊振动。

④ 喂料不均匀。喂料时多时少，水分时大时小，使得磨辊配风难以适应，磨辊产生振动。

⑤ 料层太薄。料干、粒细引起抛料形不成料层，缓冲太小引起剧烈振动。

⑥ 料层逐渐变薄。风料不平衡，通风量小，吐渣增多而循环料少；料压不平衡，料大压力小，粉磨效率下降，吐渣增多而循环料少，这些均造成料层慢慢变薄而引起振动。

⑦ 液压系统刚性太强。

处理方法：停车并及时剔除异物；改进喂料点，将料从磨盘中心喂入；适当控制喂料粒度；调整喂料并尽量使喂料均匀；改进物料流动阻力；适当调节工艺参数；适当降低蓄能器充气压力。

(2) 现象：生料立式磨跳停。

原因分析：磨机振动太大，达到 6 mm/s，综合控制柜报警，密封风机跳停或压力太低，电收尘器卸灰系统跳停，磨机出口温度太高，磨机主电机绕组温度超过 120 ℃或磨机主电机轴承温度超过 70 ℃。

处理方法：增加密封风机压力，降低磨机出口温度或磨机主电机的温度。

4.1.4 磨机压力异常

(1) 现象：磨机压差急剧上升，选粉机转速过高；磨机出口温度突然急剧上升。

原因分析：振动高报；密封风机跳闸或压力低报；液压站的油温高报或低报；主排风风机跳停，选粉机跳闸；液压泵、润滑泵或减速机主电机润滑油泵跳闸；磨机口温度高报；磨主电机绕组温度高报；减速机轴承温度高报；主电机轴承温度高报；研磨压力低报或高报；粗渣料外循环跳闸；磨辊润滑油温度高报。

处理方法：现场检查密封风机及管道，并清洗过滤网；加大冷却水量；更换加热器；现场检查，对症排除；调节热风风门、循环风机风门及磨机喷水量；检查绕组及稀油站运行情况；更换密封，消除漏油，清理堵塞；减料或使磨机停车；加强冷却或换油。

(2) 现象：磨机入口压力增大报警。

原因分析:磨机进风量减少。

处理方法:减少原料喂料总量;增加系统排风阀开度(减小循环风阀门开度;增加主排风机进口阀开度)。

(3)现象:磨机进出口压差大。

原因分析:循环风量减少。

处理方法:增加循环风阀门开度。

(4)现象:立式磨进出口压差指示值高,现场有排渣溢出。

原因分析:喂料量过多、工作压力过低、分离器转速过高、物料水分大等。

处理方法:减少喂料量、加压、降低分离器转速、控制好入磨物料水分。

(5)现象:立式磨进出口压差指示值低。

原因分析:喂料量小、工作压力过高、分离器转速过低、物料水分小等。

处理方法:增加喂料量、减少工作压力、提高分离器转速、适当降低出磨温度等。

4.1.5 磨机温度异常

(1)现象:入磨气体温度正常,出磨气体的温度很低。

原因分析:磨机密封部分损坏,漏风严重;入磨物料水分变大;如以上原因都不是,可能是仪表出了问题。

处理方法:加强密封、降低入磨物料水分及处理仪表问题。

(2)现象:出磨气体温度正常,入磨气体温度过高。

原因分析:入磨风温过高;入磨物料过少;入磨物料水分过低。

处理方法:适当开大入磨冷风阀;适当增加入磨物料;减少入磨热风量或加大冷风比例。

4.1.6 磨机其他异常

(1)现象:研磨体出现串仓。

原因分析:隔仓板固定不良;箅板脱落或箅孔过大,没有及时更换箅板;研磨体磨损直径太小。

处理方法:出现研磨体串仓时,应立即处理,更换箅板或临时焊补,以维持到检修或定期检修时再处理。

(2)现象:立式磨出现跑料。

原因分析:料干、料细、物料流速快、盘上留不住料等。

处理方法:磨内喷水以增加物料的黏性,降低流动性。一般喷水量为2%~3%。

(3)现象:立式磨出现抛料。

原因分析:料干、粒粗、压力低、压不碎等。

处理方法:适当增加磨辊压力。

(4)现象:立式磨出现掉料。

原因分析:磨内风速小、风量小、吹不起。

处理方法:加大磨机风量。

(5)现象:磨机内粗渣料偏多。

原因分析:喂料量过多;系统通风不足;研磨压力过低;入磨物料易磨性差且粒度大;选粉

机转速过高;喷口环磨损大;挡料环已磨损;辊套、衬板的磨损严重。

处理方法:设定合适的喂料量;加强系统通风;重新设定研磨压力;调整喂料量,降低入磨粒度;调整转速;更换喷口环;重新调整挡料环;更换或调整辊套、衬板。

4.2 选粉机故障处理

4.2.1 选粉机电流异常

现象:选粉机电流突然增大。

原因分析:选粉机下部或上部滚动轴承烧坏,或上、下铜套间隙小;胀圈变形,断脱卡死;喂料中混入杂物,撒料盘下部出口处堵塞;立轴下端大螺帽松动,撒料盘壳下降。

处理方法:检查并更换轴承,或扒下铜套,重新调整至合适间隙后再装配;检查并更换胀圈;清除杂物;拧紧立轴下端大螺帽。

4.2.2 选粉机设备异常

(1)现象:选粉机齿轮箱发热、冒烟。

原因分析:缺油或油质不良及超载运行。

处理方法:加油或改进润滑,控制负荷。

(2)现象:选粉机风叶打坏或掉落。

原因分析:材质不良,重量不一致;叶片固定螺栓松动;安装不正,产生偏斜。

处理方法:更换叶片,称重并对称安装;检查螺栓,加固拧紧;调整安装位置;防止铁质东西混入物料中。

(3)现象:选粉机产生振动。

原因分析:叶片破损或掉落;主轴变形及主轴上轴承磨损过大或损坏;地脚螺栓松动。

处理方法:更换或调整叶片;更换主轴及轴承;拧紧地脚螺栓。

4.3 生料均化系统故障处理

4.3.1 生料库设备异常

(1)现象:库顶进料斜槽及分配器堵塞。

原因分析:生料入库水分太大;斜槽及分配器密封不严;斜槽及分配器透气层损坏;斜槽及分配器所配风机的风量和风压太小。

处理方法:现场检查并找出堵死的原因后及时解决;定期检查各斜槽内的物料流动情况;严格控制出磨生料水分(应小于0.5%,最大不宜超过1%)。

(2)现象:充气装置(充气箱及充气管道系统)故障,均化效果下降。

原因分析:透气层损坏;充气管道漏气;充气管道上的阀门损坏。

处理方法:控制入库的生料水分至0.5%以下;结合窑的大修,将库内生料用完,再进库内检查并更换坏的透气罩;拧紧管道上漏气的弯头或停止充气并涂上一层环氧树脂;停止充气时,更换坏的阀门。

(3) 现象:出库卸料设备故障,电机跳闸。

原因分析:出库卸料设备堵塞;喂料仓料位持续下降。

处理方法:将系统按正常停车顺序停车;控制入库的生料水分;停车后现场清理堵塞。

(4) 现象:气动阀门开关不灵活,压缩空气压力过低或压缩空气有水分。

原因分析:机械部件动作不灵活;有异物卡位。

处理方法:检查空压机;检查阀门本身;清除异物。

(5) 现象:空气斜槽堵塞。

原因分析:生料水分太大;斜槽密封不严;斜槽透气层损坏;斜槽所配风机的风量和风压太低。

处理方法:现场检查并找出堵塞的原因后及时解决;定期检查斜槽内的物料流动情况;严格控制出磨生料水分(应小于0.5%,最大不宜超过1%)。

(6) 现象:提升机故障,电机跳闸。

原因分析:提升机断带;喂料仓料位持续下降。

处理方法:因存在设备间的联锁,系统其余设备按提升机故障停车;停车后现场检查原因并及时处理;及时通知烧成系统岗位做相应的操作。

(7) 现象:喂料仓故障,下料口堵塞。

原因分析:充气压力上升;料位持续上升;流量计显示无料流通过。

处理方法:系统按故障紧急停车,现场清堵;及时通知烧成系统岗位做相应的操作;处理出料系统。

(8) 现象:计量设备故障,电机跳闸。

原因分析:堵料。

处理方法:系统按故障紧急停车,现场清堵;及时通知烧成系统岗位做相应的操作。

4.3.2 罗茨风机异常

(1) 现象:振动大,电机跳闸,轴承温度高。

原因分析:转子不平衡,静压过大,管路中出口阀未开。

处理方法:系统按故障紧急停车,现场检查;检查冷却水;重新对转子进行动静平衡;适当降低负荷阻力;及时打开出口阀。

(2) 现象:风机内转子和机壳有局部摩擦,滚动轴承径向跳动过大,主轴或从动轴弯曲。

原因分析:转子与机壳间隙不均匀。

处理方法:更换滚动轴承;调直或更换弯曲的轴;检查前后墙板和机壳结合面上的定位销是否装好或有松动,调整间隙后,重新配装定位销。

(3) 现象:两转子之间有局部撞击。

原因分析:传动齿轮键松动;转子键松动;齿轮轮毂和主轴的配合不良;两转子间的间隙不一;滚动轴承已坏或已超过使用期限;主轴或从动轴弯曲;齿轮使用太久,侧隙增大。

处理方法:更换齿轮键;更换转子键;检查配合面是否有碰伤、键槽是否损伤、轴端螺母销是否有松动及防松垫圈的可靠性;调整两转子间的空隙;更换滚动轴承;调直或更换轴;更换磨损的齿轮。

(4)现象:转子与前后墙板发生摩擦。

原因分析:转子与两端墙板轴向间隙不当。

处理方法:调整转子与前后墙板的间隙,如加纸垫进行调整。

(5)现象:齿轮不正常磨损。

原因分析:齿轮制造质量问题;齿轮安装质量不理想;齿轮润滑不好;转子不平衡,振动大;转子轴承已坏。

处理方法:提高齿轮制造精度;提高齿轮安装精度;加强润滑,应注意油品的质和量;转子找平衡;更换轴承。

(6)现象:试运转正常,停下后不能启动。

原因分析:进、出口风管上阀门没有打开,造成超载;风机进、出口管道设计及安装不当,运行后外壳受热变形。

处理方法:开启阀门,使之空载;拆卸进、出口风管并进行改进,支承好管道。

4.3.3 生料库其他异常

(1)现象:仪表指示压力超出规定值,电动机超电流。

原因分析:库底充气压力过高。

处理方法:调整罗茨风机出口安全阀,使其达到规定值后开始放气。

(2)现象:充气压力高;卸料口不出料;隧道中无料。

原因分析:生料库内积料或堵料。

处理方法:停止充气,由下卸料口处沿隧道区捅,然后关上手动阀门并充气,如此时出料,则由上卸料口卸出。当库内料少时,打开库侧人孔门并彻底清理。

项 目 实 训

实训 1　生料制备系统开停车实训

任务描述:本实训项目是以新型干法水泥生产仿真系统为主要载体,通过操作练习,让学生学会生料制备系统设备(中卸磨、立式磨)工艺流程,模拟按顺序启动和停车的操作。

实训内容:

(1)熟悉仿真系统(中卸磨、立式磨),正常开车进入生料制备系统,所有设备处于未开车状态。

(2)掌握中卸磨、立式磨按顺序进行组启动的操作,设备开车时注意设备之间的启动联锁、安全联锁及运行联锁。

(3)掌握中卸磨、立式磨按顺序进行组停车的操作,设备停车时注意停车联锁关系及注意事项。

实训 2　生料制备系统正常运行操作实训

任务描述:本实训项目是以新型干法水泥生产仿真系统为主要载体,通过操作练习,让学生学会生料制备系统中卸磨、立式磨的正常操作。

实训内容:

(1)中卸磨系统正常运行操作实训

① 控制喂料量;
② 控制风量;
③ 控制产品细度。
(2) 立式磨系统正常运行操作实训
① 控制喂料量及热风风门;
② 控制磨机振动;
③ 控制磨机出入口气体温度;
④ 控制磨机振动;
⑤ 控制吐渣量;
⑥ 控制出磨成品细度;
⑦ 控制化学成分。

实训 3　生料制备系统常见故障处理实训

任务描述:本实训项目是以新型干法水泥生产仿真系统为主要载体,通过操作练习,让学生学会生料制备系统中卸磨系统、立式磨系统、生料均化系统故障的分析方法,并能对出现的故障进行处理。

实训内容:
(1) 磨机故障处理;
(2) 选粉机操作不正常的原因及处理方法;
(3) 生料均化库出现的故障及处理方法。

思 考 题

1. 简述中卸磨及立式磨的工作原理。
2. 中卸磨及立式磨有何特点?
3. 生料均化的方式有哪些?
4. 间歇式均化库及连续式均化库有何特点?
5. 水泥厂生料制备系统中卸磨开车前应做哪些准备工作?
6. 立式磨开车前应做哪些准备工作?
7. 简述立式磨开停车的正常操作。
8. 简述水泥厂生料制备系统中卸磨的正常操作。
9. 简述生料制备系统中卸磨的常见故障及处理方法。
10. 简述生料均化库的常见故障及处理方法。
11. 简述立式磨的常见故障及处理方法。
12. 简述选粉机的常见故障及处理方法。

项 目 小 结

本项目主要介绍生料中卸磨、立式磨运行前的准备,中卸磨、立式磨的工艺流程、结构、工作原理及特点、开停车的正常操作、常见故障及处理;生料均化系统工艺流程、种类及特点、开停车正常操作、常见故障及处理。通过仿真实训使学生进一步了解所学的理论知识,并能把所学的理论知识运用于实践中,对中控(生料制备系统)有更全面的了解,为今后到水泥厂进行中控操作打下良好基础。

完成项目评价

项目名称：生料制备操作	评价内容	评价分值
任务1　生料制备系统运行准备	能绘制出生料制备中卸磨、立式磨、均化系统的工艺流程图并标出设备名称及重点控制参数，说明各设备的作用	20
任务2　生料制备系统开停车操作	能通过仿真系统完成生料制备中卸磨、立式磨、均化系统的开停车操作	25
任务3　生料制备系统正常运行操作	能够准确描述生料制备系统的主要参数和控制指标，在仿真系统上通过调节喂料量、风量（风阀开度）、选粉机转速等参数实现生料制备系统的稳定运行	25
任务4　生料制备系统常见故障处理	能对仿真系统模拟的生料制备系统温度、压力、电流、磨音、细度等参数异常和磨况异常现象进行准确的判断，并采取正确的方法处理故障	30

项目3　煤粉制备操作

> **【项目描述】**
>
> 本项目的具体任务是熟悉煤粉制备系统的工艺流程,正常的开停车顺序,各测量仪表的位置及数值范围,各主要设备的结构、类型、作用和控制要点;掌握主要控制参数对煤粉制备的影响,以及如何调节这些参数使其在正常范围内变化,并能对常见系统故障进行分析、判断和处理。

任务1　煤粉制备系统运行准备

任务描述:熟悉煤粉制备工艺流程、相关设备及重点控制参数。
知识目标:掌握煤粉制备风扫磨系统和立式磨系统的煤粉制备工艺流程知识;掌握风扫磨、立式磨、选粉机、收尘器的结构、原理知识;掌握系统安全设施的相关知识;熟悉煤粉制备系统的重点控制参数。
能力目标:能绘制出煤粉制备风扫磨系统的工艺流程图并能标出设备名称及重点控制参数,说明设备的作用。

煤粉制备系统承担着为窑和分解炉提供煤粉的任务,它将入磨的原煤经过烘干粉磨后制成煤粉,然后按一定比例分别输送至窑、分解炉进行燃料燃烧,放出热量供物料分解、煅烧之用。水泥厂煤粉制备系统按粉磨设备的类型可分为风扫磨制备系统和立式磨制备系统两种。其中,2000 t/d 以下规模的生产线一般采用风扫磨制备煤粉,而 2000 t/d 以上规模的大型生产线则多采用立式磨制备煤粉。

风扫磨对煤质适应性强、操作维护简单,但粉磨效率低、能耗高、厂房大、土建投资大;而用立式磨制备煤粉,虽然其设备投资较高、操作维护技术要求较高,但其运行电耗较风扫磨低 10 kW·h/t 以上,而且其体积较小,所需布置空间小,故可降低土建费用。此外,立式磨还具有工艺流程简单,对原煤烘干的适应性强等优点。

1.1　风扫磨系统运行准备

1.1.1　风扫磨系统工艺流程

风扫磨系统通常由风扫钢球磨、选粉机(粗粉和细粉分离器)、独立或与窑共用的收尘器组成,磨内物料的输入、输出、提升、选粉均由气力完成,不需要选粉机及提升机,系统相对简单。风扫磨的进出料中空轴轴径大、磨体粗短、不设出料箅板,可以降低气力提升输送物料的通风阻力。这些特点都特别适用于煤粉制备。

风扫磨系统工艺流程如图3.1.1所示。来自预均化堆场并经过破碎的原煤,经输送设备进入煤磨系统的原煤仓,由喂料设备喂入风扫磨。从冷却机抽取并经过初步净化的热风由磨头风管进入磨内,收尘器尾的风机所产生的负压风将煤磨中被粉磨的煤粉带走,经过粗粉分离器(近年来多采用动态选粉机)把不合格的粗颗粒分离下来,通过输送设备进入磨头再粉磨,细颗粒随风进入细粉分离器收集为成品,输送至窑头和分解炉用的煤粉仓。细粉分离器排出的气体,经收尘器净化再经排风机排出,收尘器收下的煤粉输送至两个煤粉仓。煤粉仓中的煤粉经过计量和气力输送设备,分别送到分解炉或窑头喷煤管。

煤粉制备系统的热风一般是从热风炉或冷却机抽取的。为了进一步减少能耗,降低成本,在正常生产中,煤磨所需的热风大多从冷却机抽取。但热风中含有一些熟料细颗粒,对风管等部件易造成磨损。同时,由于灰分的增加也会影响煤粉的质量,造成热工制度不稳定,给正常生产带来不良的影响,因此有必要对热风进行初步净化。

1.1.2 风扫磨系统重点控制参数

① 原煤仓料位;
② 煤磨入料量;
③ 煤磨电流、进出口轴瓦温度、进出口气体温度与负压;
④ 选粉机的转速、电流;
⑤ 袋式收尘器的差压;
⑥ 排风机的电流;
⑦ 各煤粉仓的料位与监控温度。

1.1.3 风扫磨系统主要设备

1.1.3.1 风扫钢球磨

风扫磨因其操作简单、运行稳定、生产可靠和对原煤的适应性强等优点在中国水泥行业一直被广泛采用。但风扫钢球磨单位电耗高,一般系统电耗在27~29 kW·h/t 煤,且噪声大于100 dB。风扫磨筒体结构如图3.1.2所示。

原煤经喂料设备随由磨头引出的350 ℃的热气一同进入进料装置,含有小于12%水分的原煤在此处开始进行热交换。随后原煤进入特设的烘干仓内后,被扬料板扬起进行强烈的热交换,原煤在此处得到烘干。烘干后的煤块通过设有扬料板的双隔仓进入粉碎仓被粉碎,粉碎后的碎煤通过单隔仓进入研磨仓被研磨成煤粉。在块煤被粉碎的同时,由专设的排风机经过磨机的出料装置将已粉碎的煤粉连同已经用过的热风一同排出磨机。

1.1.3.2 选粉机

煤粉粒度完全由煤磨选粉机控制,只需改变电机转速,选粉机叶轮转速相应改变,即可在筛余2%~12%范围内任意调节煤粉的细度。国内煤磨选粉机有NHX型、MDS型、CMS型等。其中,NHX型选粉机的结构如图3.1.3所示。

其工作原理是:出磨煤粉在气流作用下从选粉机进风口进入,经导向叶片上升至笼型分级转子与导向叶片之间的分级室,在强制水平涡流流场中被反复分级,合格细粉随气流从出风口带出,粗粉落入内锥,从粗粉出口返回煤磨。

任务1 煤粉制备系统运行准备

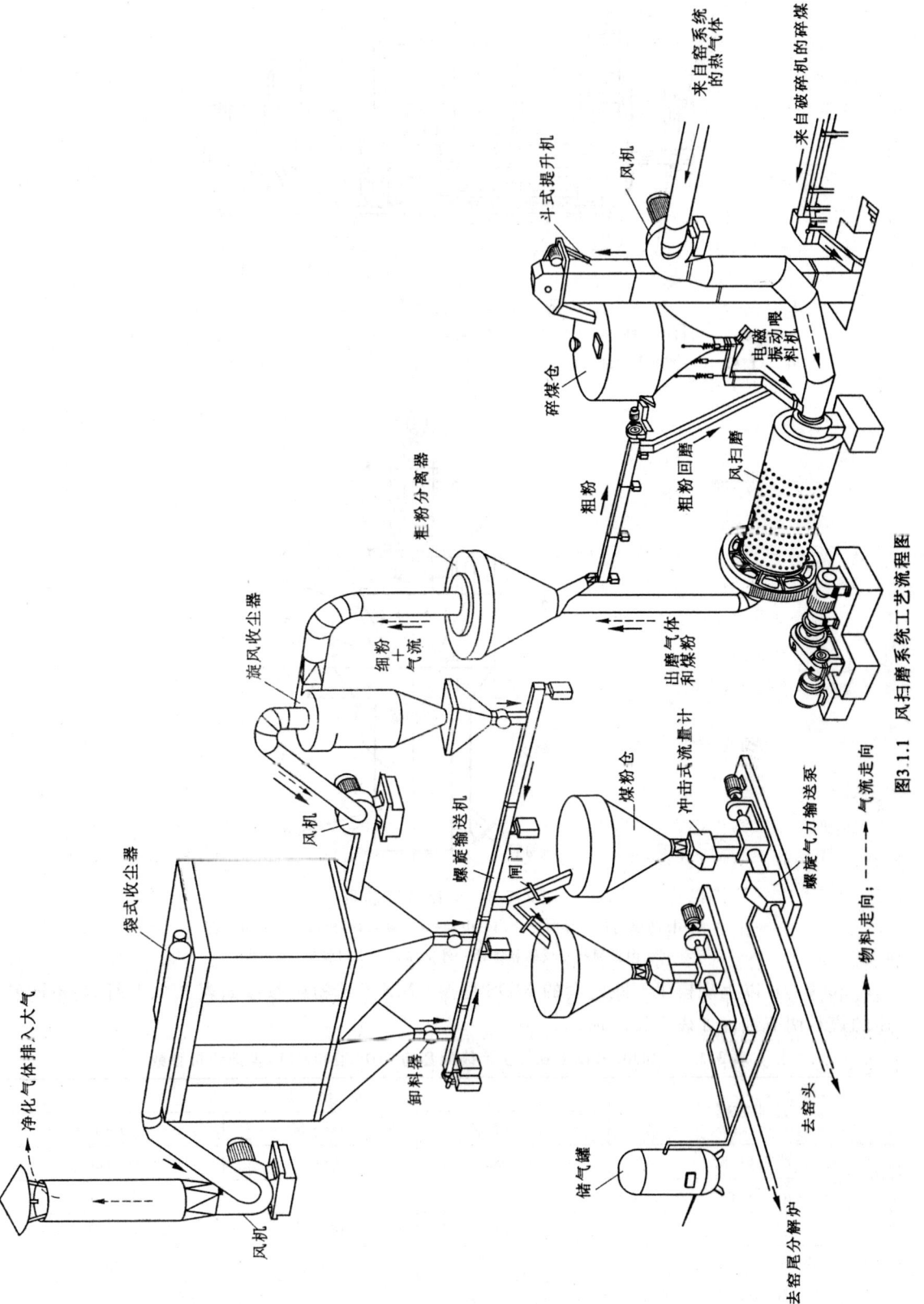

图3.1.1 风扫磨系统工艺流程图

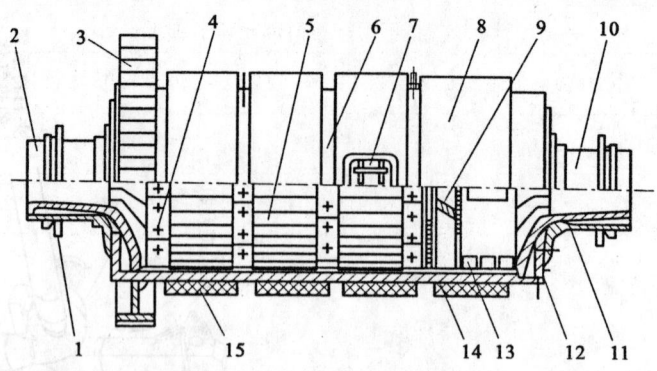

图 3.1.2 风扫磨筒体结构

1—油圈；2—出料中空轴；3—大齿轮；4—压条衬板；5—条形衬板；6—筒体；7—人孔门；8—外罩；
9—导料锥；10—进料中空轴；11—锥套；12—磨头衬板；13—扬料板；14—隔仓板；15—膨胀珍珠岩

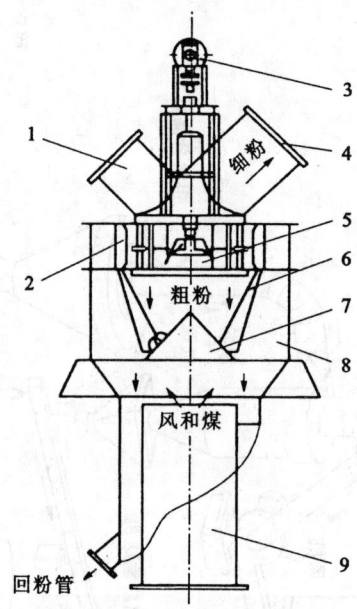

图 3.1.3 NHX型选粉机

1—接防爆阀；2—导向叶片；3—电动机（变频）；4—出风口；5—分离器；
6—内锥筒；7—反射料锥；8—外锥筒；9—入口管道（风和煤）

2000 t/d 以上规模生产线配套的 MDS 型及 CMS 型选粉机参数如表 3.1.1 所示，不同转速的煤粉调节细度如表 3.1.2 所示。

表 3.1.1　2000t/d 以上规模生产线配套的 MDS 型和 CMS 型选粉机参数

性能数据	规　格　型　号		
	CMS-45	CMS-60	MDS-650
产量(t/h)	16~22	20~30	16~20
80 μm 筛余(%)	1.0~10	1.0~10	2~10
风量(m³/h)	45000	60000	36000~41000
电机功率(kW)	30	37	30
配用煤磨	ϕ2.87 m×4.70 m 或 ϕ2.8 m×5 m+3 m		

表 3.1.2　不同转速的煤粉调节细度

电机转速(r/min)	450	500～600	650～700	750～800	800～850	850～900	900～1050
选粉机叶轮转速(r/min)	180	200～240	260～280	300～320	320～340	340～360	360～420
煤粉 800 μm 筛余(%)	15～16	10.5～13.8	7.0～9.0	6.0～7.0	3.0～5.0	2.0～3.0	<2.0

1.1.3.3　收尘设备

由于煤粉具有易燃、易爆、质轻、粉细的特点,除应满足收尘器的一般技术性能要求外,还必须满足防止燃爆、捕集微细粉能力强、收尘效率高的要求。因此,煤磨的收尘一般选用袋式收尘器或进行特别设计的含煤粉气体净化功能的煤粉专用电收尘器。电收尘器除结构特殊外,还设有无火花自动控制系统,CO 和温度超限报警装置,自动关闭进、出口闸门并喷入 CO_2 气体的灭火装置,以及启动前的预热装置等,以保证操作安全。收尘设备选择参见项目 2 生料制备操作中卸磨系统中的收尘设备。

1.1.3.4　系统的安全设施

① 为防止煤粉外逸,所有设备都设置在零压或负压下运转。

② 设置有 CO_2 灭火系统。为防止煤粉仓、电收尘器等设备着火及爆炸,常用 CO_2 气体将煤粉仓或电收尘器内的氧气含量稀释到 12% 以下。

③ 粗粉分离器、旋风收尘器、电收尘器(袋式收尘器)及煤粉仓上部均设有防爆阀,当设备内部压力升高(一般约为 100 kPa)时,防爆阀的阀片自动崩裂,可以从裂口处释放压力,防止设备被破坏。

④ 系统所有工艺管道或收尘管道都有足够的倾斜度,在避免管道水平的同时采用了比较高的管内风速以防止粉尘沉降,并在管道外壁设置了保温层,以避免气体的结露现象,防止管道内部煤粉附着。

1.2　立式磨系统运行准备

1.2.1　立式磨系统工艺流程

立式磨系统工艺流程如图 3.1.4 所示。经过破碎粒度小于 40 mm 的原煤经输送设备送至磨头仓,并由磨头仓下设有防爆装置的喂料设备喂入磨内。从冷却机抽取的经过初步净化的热气流从磨下进入磨内,原煤在磨内进行烘干和粉磨。煤粉经磨内的动静态分离器分离,合格成品随气流排出,经收尘器处理后的废气经风机排入大气。收尘器收集的煤粉经输送设备送至窑头和分解炉煤粉仓,以供窑头和分解炉使用。

立式磨与风扫磨系统相比具有粉磨效率高,烘干能力强,系统简单,控制方便,噪音低,运转率高,集中碎、粉磨、烘干和选粉于一体,对原煤的粒度适应性强等优点。立式磨大量用于生料和水泥粉磨,目前也开始在新建的新型干法生产中应用于煤粉制备。煤粉制备系统立式磨和风扫磨方案对比如表 3.1.3 所示。

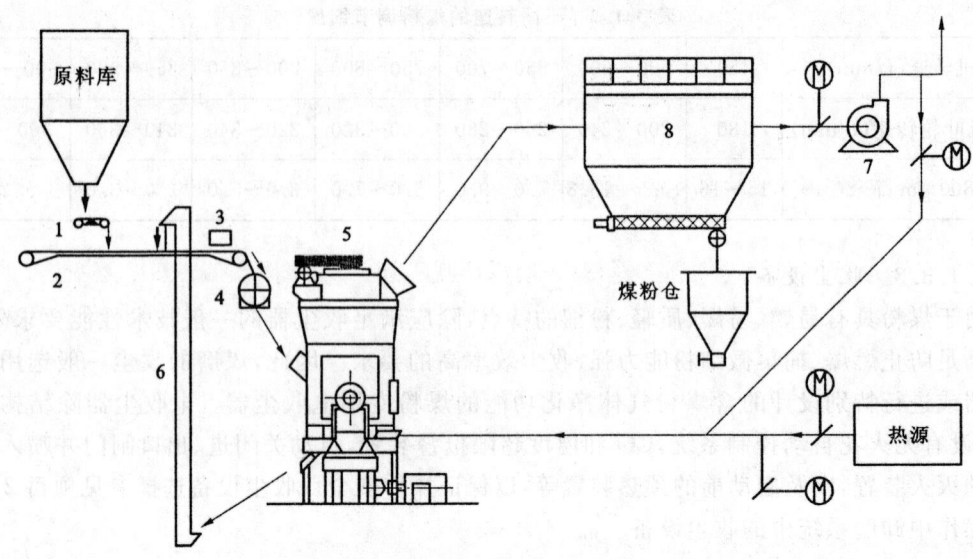

图 3.1.4　立式磨系统工艺流程
1—电子皮带秤；2—胶带输送机；3—电磁除铁器；4—回转锁风喂料机；
5—立式磨；6—外循环提升机；7—主风机；8—气箱式脉冲袋式收尘器

表 3.1.3　立式磨和风扫磨煤粉制备系统对比

生产线规模(t/d)	10000	
煤粉产量(t/h)	75	
原始条件	煤粉细度为 80 μm，方孔筛筛余数为 12%，水分<1%	
粉磨系统	立式磨	风扫钢球磨
主要设备型号、规格及功率消耗(需用/配用)	① 立式磨：TRMC30.3 盘径：3.0 m 功率：950/1120 kW 内部选粉机：TRS3000 功率：55/110 kW 风量：200000 m³/h ② 主排风机 风量：220000 m³/h 全压：11.5 kPa 功率：700/1000 kW	① 风扫钢球磨：φ5.56 m×7.5 m＋3.5 m 功率：2000/2250 kW ② 选粉机：TLS2600C 功率：55/90 kW 风量：150000 m³/h ③ 主排风机 风量：165000 m³/h 全压：8.0 kPa 功率：500/560 kW
系统总功率(kW)	1705/2230	2555/2900
单位电耗(kW·h/t)	22.7	32.7

煤粉制备系统中使用立式磨的主要优点如下：

① 适用煤种范围宽，较低磨蚀性的无烟煤、次烟煤、烟煤及水分较低的褐煤等均可磨制。

② 系统简单。立式磨集中碎、粉磨、烘干、选粉等工序为一体，大大简化了工艺流程，便于布置，占地面积小(约为球磨系统的 50%～70%)，建筑空间小(约为球磨系统的 50%～60%)，可露天布置，节省土建投资。

③ 粉磨效率高。粉磨能耗大大降低,立式磨电耗仅为球磨的50%～60%。

④ 烘干能力强。可以通入大量热风,特别适用于新型干法窑的窑尾低温废气处理。如窑磨能力匹配,则全部废气可入磨,可烘干水分为6%～8%的原煤。如应用热风炉供高温热风,则可烘干水分达20%的原煤。

⑤ 运转率高。立式磨磨耗小,耐磨件寿命长,一般可达7000～12000 h以上,且设备运转率高,可达90%。

⑥ 整个运行期间能力和细度稳定,耐磨件磨损后期产量仅下降5%,细度无变化。

⑦ 噪音低。由于立式磨磨辊、磨盘不直接接触,没有金属撞击声,因此噪音比球磨低10 dB以上。

⑧ 对原煤中"三块"(铁块、矸石块、木块)有良好的适应性。

⑨ 采用独有的外加力结构,运行平稳,振动小。

立式磨的缺点主要是不适于磨蚀性大的物料。

1.2.2 立式磨系统重点控制参数

① 稳流仓料位;
② 磨机入料量;
③ 磨机进出口温度、压力,磨机本体振动,磨机功率;
④ 选粉机转速、电流;
⑤ 排渣口温度;
⑥ 袋式收尘器的差压;
⑦ 排风机的电流、风量、氧气含量;
⑧ 各煤粉仓的料位。

1.2.3 立式磨系统主要设备

煤粉制备立式磨系统多采用MPS立式磨(见图3.1.5)。

MPS立式磨由三个均布静止的磨辊施加碾磨压力,三个磨辊在一个匀速旋转的碾盘上滚压运行。

原煤从磨机的中心落煤管落到磨盘上,旋转的磨盘借助于离心力将物料运送至碾磨辊道上,并通过磨辊进行碾磨。静定的三点系统碾磨力均匀作用在三个磨辊上,碾磨压力通过液压加载系统传送,磨盘、磨辊的压力通过底板、拉杆和液压缸传至基础。一次风通过喷嘴环均匀进入磨盘周围,将碾磨过的物料烘干并输送至磨机上部的分离器。在分离器中粗、细物料被分开,细粉排出磨机,粗粉重新返回磨盘碾磨。

由于自身的重力而没有通过热风流动排除的外来物质和难以破碎的杂物,通过喷嘴环落入磨机下部的热空气室中,经刮板排至废料箱中排除。

MPS立式磨采用笼型异步电动机驱动。磨盘扭矩的传输和减速是通过行星减速机进行的,这种传动装置也能维持来自磨机重力和磨削力的横向负载。

影响立式磨运行的重要因素包括:

(1) 原煤水分

正常情况下,不同磨机的入口风温在250～400 ℃即能够满足入磨水分<15%或<20%的

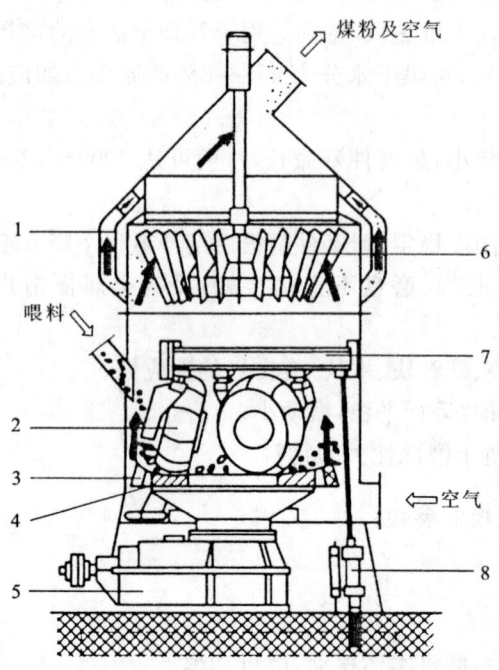

图 3.1.5 MPS 立式磨

1—旁路;2—磨辊;3—喷嘴环;4—衬板;5—减速机;6—选粉器叶片;7—压力架;8—液气拉力系统

原煤的烘干及粉磨要求。当水分过大要求热风超过 400 ℃时,则应考虑喷嘴环过流截面和材料的高温强度修正。因此,需配置单独的烘干程序来满足入磨原煤允许水分的要求。

对于煤粉的水分,以控制在 1.5%左右为宜,适当含水可起到限制煤粉自燃和爆炸的作用,此时磨机出口温度一般为 60~70 ℃,甚至略高。

(2) 煤的易磨性

立式磨对煤的易磨性具有较大的适应范围。HRM 立式磨能满足粉磨功指数为 16~30 kW·h/t 的煤的生产要求,MPS 立式磨能满足 HGI(可磨性指数)大于 40 的煤的生产要求。煤中的矸石等难磨组分在制备过程中可通过磨机排渣,由外循环提升机重新入磨反复粉磨、分级,这从工艺上也加大了立式磨对煤种的适应能力。

(3) 灰分

灰分中 SiO_2、Fe_2O_3、Al_2O_3 的含量及存在形式是影响磨辊及磨盘衬板使用寿命的主要因素。各种立式磨都有使用的极限,如 MPS 立式磨适应的最高灰分可达 40%,HRM 立式磨的磨辊、磨盘衬板使用寿命不低于 8000 h,其他耐磨件不低于 1000 h,且磨辊、磨盘衬板可以翻面使用。

(4) 挥发分

挥发分决定了煤粉的燃烧性能。挥发分高,燃烧性能固然好,但煤粉过细,自燃概率也增大。因此,当煤的挥发分大于 35%时,立式磨的防爆与抗爆能力也应增强。

(5) 入磨粒度

入磨粒度与磨辊、磨盘直径有关,直径越大,磨辊、磨盘对物料的咬入性能相对较好。配套 2500 t/d 和 5000 t/d 生产线的立式煤磨,通过的原煤入磨粒度 90%以上为 45~50 mm。

(6) 工艺及系统配套

立式磨系统工艺可选一级或二级收尘。对于磨机的选型与配套,通常应考虑煤种、水分蒸发量以及设备耐磨件磨损后的效率下降等因素,可按磨损后期的生产能力选择磨机规格。选型过大,磨机长期处于低负荷运行状态,经济性变差,且一次性投资也较大。

立式磨选粉、收尘设备及系统安全设施参见风扫磨系统。

任务 2　煤粉制备系统开停车操作

任务描述:通过煤粉制备系统正常开、停车和事故停车等知识的学习,使学生具备中控操作员应有的对煤粉制备系统正常开、停车和事故停车操作的能力。

知识目标:掌握煤粉制备系统开车前的检查与准备知识,掌握风扫磨煤粉制备系统和立式磨煤粉制备系统的正常开、停车和事故停车等知识。

能力目标:通过本任务的学习,能够准确表述开、停车注意事项,能通过仿真系统完成煤粉制备系统的开、停车操作。

2.1　煤粉制备系统开车前的检查与准备

① 冷却水的检查。认真检查用水点供水是否正常,确认各冷却水(包括系统用冷却水、磨机主轴承用冷却水、磨机减速润滑油站用冷却水、主排风机用冷却水)进口阀门在正确位置,调整出口阀门,使流量达到所需要的值,根据环境温度、冷却水温度,一般控制润滑油油温不超过 40℃。

② 确定各单机设备空载运转良好,密封良好,以防止正常运转时粉尘逸出;确保系统有关阀门、闸板等设备动作灵活,各防爆、消防器材备齐。

③ 确认系统设备内无任何杂物。

④ 系统各动态设备润滑油的检查。提升机上、下托轴轴承的检查;螺旋输送机各油杯及机头、机尾轴承的检查;主排风机轴承及联轴器的检查;煤磨主轴承、主减速机、煤磨润滑油泵的检查;各电动机、减速机轴承的检查。

⑤ 防爆收尘器的检查。整体密封性检查,要求泄压阀、检修门及连接处不得有任何漏风现象;各机械运动部分的动作要灵活、到位,反吹风机旋转方向正确,脉动阀与壳体之间不得有摩擦现象;确认电磁气阀动作到位;确认微机控制柜与其控制的清灰、卸灰机构工作正常。

⑥ 压缩空气供气系统的检查。确认煤磨岗位贮气罐进气阀关闭,排积水后再打开;确认通往煤磨防爆收尘器(MDC 防爆袋收尘)的压缩空气管网阀门开度在合适位置;确认进入气缸的压缩空气阀门打开;确认空压机站供气准备完毕。

⑦ 煤磨润滑系统的检查。确认油箱内的润滑油量在合适位置;确认油路系统的阀门开度正确;确认系统各润滑装置的油压合适、润滑状况良好,返油量正常、不漏油;确认油泵内无杂音,无异常振动;确认润滑油质量符合要求;确认润滑油油温正常。

⑧ 煤磨内各种衬板的检查及螺栓的检查。检查磨内衬板是否符合要求;检查衬板螺栓及各种地脚螺栓是否牢固。

⑨ 确认原煤仓的料位在适量位置,原煤输送设备能正常运行;确认所有 ≥3.0kW 电机完

好,运转方向正确。

⑩ 系统自动化仪表的检查。确认所有温度、压力测量仪表准确显示;确认所有温度、压力测点位置合适、仪表无损坏。

2.2 煤粉制备系统开停车注意事项

① 启动磨机前及时通知窑操作员,调节风量时幅度要小,注意与窑系统用风量的平衡。
② 任何时候系统不允许有正压出现。
③ 开启任何设备,必须和现场联系好。
④ 冬季开磨要提前把稀油站开启并预热。
⑤ 磨辊加压时要确认磨盘上有料。料中断后,要在磨盘没料前抬起磨辊。
⑥ 因喂料前系统通风好,为了保护主风机及保证煤粉质量,系统风量、风压不可过大。
⑦ 原煤必须经过除铁器才能进入磨机。
⑧ 正常操作时,稳定系统的要点是稳定风量、风温和喂料量。
⑨ 操作过程中要密切关注袋式收尘灰斗锥部的温度变化,温度大于 65 ℃ 或过低时,要检查灰斗下料情况,并采取必要处理措施(如敲打等),直至正常。
⑩ 当系统出现燃、爆或其他紧急事故时,进行系统紧急停机后必须确认关闭系统所有挡板。
⑪ 尽量将两煤粉仓控制在高料位(85%左右)状态,多观察煤粉仓顶部、锥部温度,若锥部温度超过 85 ℃ 且有上升趋势时,表明煤粉已自燃,要采取放仓等处理措施。
⑫ 打开磨机检修门只有在磨机出口温度低于 40 ℃ 时才可以进行。

2.3 煤粉制备系统正常开停车

2.3.1 风扫磨系统正常开停车

2.3.1.1 风扫磨系统正常开车操作

风扫磨系统正常开车操作流程如下:确认开车范围,做好检查和准备工作,确认熟料烧成系统正常运转→原煤仓进煤→通知熟料烧成系统→确认系统内各阀门位置,风机入口阀门全开,热风阀门全开,冷风阀全关,喂料闸板阀全开→煤磨润滑系统启动→煤粉入仓组启动→袋式收尘器组启动→煤磨排风机组启动→选粉机组启动→高温风机组启动→系统预热,入磨风温≤150 ℃,出磨风温≤75 ℃→磨机慢转→预热结束,煤磨主电机组启动→喂煤组启动→调整喂煤量→系统调整,增加喂料量,增大热风量,入磨风温控制为 150~300 ℃,出磨风温控制为 65~80 ℃→确认电收尘器入口 CO 浓度不超标后电收尘器电场送电→系统运转稳定后,投入自动控制回路。

2.3.1.2 风扫磨系统正常停车操作

风扫磨系统正常停车操作流程如下:确定停车范围→通知熟料烧成、煤堆场等岗位→自动控制回路转为手动→逐渐减小喂煤量→喂煤组停车→停喂煤组 5~10 min 后,煤磨主电机组停车,间隔慢转磨机→高温风机组停车→高温风机入口阀门关闭→选粉机组停车→煤磨排风机组停车→收尘器组停车→煤粉入仓组停车→煤磨润滑系统停车→确认磨筒体温度接近环境温度,慢转停止→系统停车后的检查(风机入口全关,热风阀门全关,冷风阀全开)。

2.3.2 立式磨系统正常开停车

2.3.2.1 立式磨系统正常开车操作

立式磨系统正常开车操作流程如下:通知相关部门、化验室及各岗位→启动润滑液压组→启动选粉机组→选粉机组设备正常运转后,启动袋式收尘组,并通知岗位检查气缸工作和压缩空气清灰是否正常→袋式收尘组设备运转正常后,通知生料和窑系统岗位并启动供应热风的旋风收尘系统→热风系统准备好后,开起风机组,调节挡板(主风机挡板和热风风机挡板、冷风挡板)控制风量、风温,对系统进行预热(主风机挡板开50%)→预热不可过急,应严格控制系统为负压状态→磨出口气体温度达到60 ℃时启动磨机主电机组,启动前确认磨辊抬起→磨机出口气体温度达到65~75 ℃时,开主风机挡板到80%,然后启动喂料组→待料到磨盘上时,降磨辊并加压,并通知现场检查外排状况→观察到袋收尘器内有煤(有一定压差)时,主风机挡板开到正常→缓慢调节参数至系统正常运作(在操作过程中要密切注意系统温度和压力的变化情况,并及时通知岗位进行检查)。

2.3.2.2 立式磨系统正常停车操作

立式磨系统正常停车操作流程如下:确认原煤仓料位,如长时间停机需将仓放空→与窑操作员联系,做好停机准备,并通知其他现场岗位→关小热风挡板开度,开大冷风挡板开度,喂煤量调到最小,同时降低磨出口气体温度。当磨出口温度下降至60 ℃时,使磨内物料基本排空→停止磨喂料组及磨主电机(如短时间停机应保证磨盘料层,否则要清空磨盘料层)→停磨机主电机后,磨机润滑组要运行2~4 h(冷却减速机和磨辊)→停止喂料,同时停掉热风风机,关小主排风机挡板,适当开大冷风挡板使磨机缓慢降温→停止喂料2 min后停磨主排风机,并关闭系统所有挡板,使磨机缓慢降温→主排风机停2~4 h后方可停密封风机→整个调风过程要缓慢,保证系统正常负压和温度,同时不要影响窑系统的风量→待袋收尘器清空后(约在停止喂料30 min后),停掉袋收尘组→停掉袋收尘组后,待磨机内温度降到50 ℃时停选粉机组→停磨后要密切观察各处温度变化。

2.4 煤粉制备系统紧急停车

煤粉制备系统在运转过程中可能发生故障停车、自行停车的情况,系统的部分设备也会因联锁而停车。另外,在紧急情况下,为保证人身和设备安全,现场岗位、电气人员、操作员也会使用紧急手段,使系统内的设备急停。

2.4.1 紧急停车情况

操作中发现以下情况时需紧急停车:
① 供油不足、压力达不到;
② 无循环水,循环水压力达不到;
③ 磨头、磨尾大瓦温度超过报警设定值;
④ 电机轴承温度超过报警设定值;

⑤ 电机、减速机振动严重,有异常声音;
⑥ 磨体螺栓、端盖螺栓或其他联结螺栓折断或掉落;
⑦ 磨内衬板、篦板损坏,压条掉落;
⑧ 原煤供应突然中断或堵塞;
⑨ 煤粉仓、电收尘器灰斗中的温度过高;
⑩ 其他影响磨机正常运转的事故。

2.4.2 紧急停车操作

紧急停车时,操作员应进行如下处理:

① 马上停下相关部分的设备。紧急情况下,若联系不畅,操作员应快速到达现场进行必要的处理。

② 在保证人身和设备安全的同时,进行稳定的操作和调整,使系统温度、压力在正常范围内。

③ 联系并查清停机的原因,通知有关人员进行处理,判断能否在短时间内处理完毕,以决定再次启动时间,并进行相应的操作。

④ 遇到判断不清或较大设备故障时,及时汇报并请示各级领导,不要盲目再次启动设备,以保证设备安全。

⑤ 大的设备不要在短时间内再次启动,且启动时要联系好电气人员和现场人员。

任务3 煤粉制备系统正常运行操作

任务描述:掌握煤粉制备系统中的主要控制参数的变化规律,通过调节参数的调整实现煤粉制备系统的正常运行。

知识目标:掌握煤粉制备系统的温度、压力、电流、磨音、料位、气体成分、细度等主要控制参数的正常值范围及调控的方法。

能力目标:能够准确描述煤粉制备系统的主要参数和控制指标,在仿真系统上通过调节喂煤量、风量(风阀开度)、选粉机转速等实现煤粉制备系统的稳定运行。

3.1 煤粉制备系统操作的基本原则

① 喂料要均匀;
② 关注磨音曲线;
③ 关注磨主机功率和电流曲线;
④ 关注磨机出入口压差;
⑤ 关注磨机、煤仓、电收尘出入口温度;
⑥ 关注原煤和成品的细(粒)度、水分等情况;
⑦ 关注磨机通风管道的气体温度和压力;
⑧ 安全第一。

3.2 煤粉制备系统主要控制参数

煤粉制备系统在生产中需要控制的参数很多,参数间的因果关联也比较紧密。这些参数包括检测参数和调节参数。检测参数反映了其运行状态,检测参数的调整与控制是通过对调节参数的调整来实现的。

3.2.1 风扫磨系统主要控制参数

风扫磨系统的主要控制参数与其生产能力大小、生产设备种类、工艺布置、原煤性质、产品质量要求等有关,实际生产中以生产控制要求为准。表 3.3.1 为某厂 $\phi 2.8\ m \times 5\ m + 3\ m$ 烘干兼粉磨煤粉制备系统正常生产时的主要控制参数。该煤磨生产能力为 16~17 t/h,入磨物料粒度≤25 mm,入磨物料水分≤12%,产品细度<12%(4900 孔筛筛余),产品水分<1.5%。

表 3.3.1　$\phi 2.8\ m \times 5\ m + 3\ m$ 烘干兼粉磨煤粉制备系统主要控制参数

序号	变 量 名 称	正常范围值
1	磨音	50%~80%
2	磨主电机电流	49~51 A
3	出磨温度	70~80 ℃
4	磨机入口负压	−200~−300 Pa
5	磨机出口负压	−800~−1400 Pa
6	电子皮带秤下料量	8~16 t/h
7	原煤仓仓位	≥30%
8	入电收尘器负压	−50~−300 Pa
9	电收尘器温度	<80 ℃
10	煤粉仓仓位	≥30%
11	煤粉仓温度	<65 ℃
12	磨尾排风机电流	<120~140 A
13	使用热风炉时系统最大喂料量	12 t/h
14	灰斗温度	<80℃

风扫磨系统检测参数主要是温度、压力、电流、磨音、料位、气体成分、细度等,调节参数主要有喂煤量、风量(风阀开度)、选粉机转速等。

3.2.2 立式磨系统主要控制参数

立式磨煤粉制备系统的主要控制参数与其生产能力大小、生产设备种类、工艺布置、原煤性质、产品质量要求等有关,实际生产中以生产控制要求为准。表 3.3.2 为某厂立式磨系统正常生产时的主要操作控制参数。该立磨生产能力为 20 t/h。

表 3.3.2　某厂立式磨系统主要控制参数

序号	变量名称	正常范围值
1	磨主电机电流	40～50 A
2	入磨风温	<250 ℃
3	入磨风压	−500 Pa
4	出磨风温	60～75 ℃
5	出磨风压	−4500 Pa
6	正常工况下磨盘上料层厚度	30～50 mm
7	磨内进出口差压	−4000 Pa
8	选粉机转速	140 r/min
9	磨辊压力	7.0 MPa
10	磨机振动值	<5 mm/s
11	袋收尘器入口温度	<70 ℃
12	煤磨主排风机进口负压	10500 Pa
13	煤磨主排风机进口风温	60～65 ℃

立式磨系统检测参数主要是温度、压力、电流、振动、功率、电流、气体成分、料位、细度等，调节参数主要有喂煤量、风量（风阀开度）、选粉机转速等。

3.3　正常运行控制

3.3.1　风扫磨系统正常运行控制

3.3.1.1　控制磨音（电耳）

磨音的大小反映了磨内物料量的多少和磨机粉磨能力的大小，磨音过大，表明磨内的物料量过小，即磨空，磨机的产量较低，消耗过大；磨音低沉，表明磨内物料量过多，粉磨能力不足，或饱磨。正常磨音控制为 50%～80%，可根据入磨物料粒度、产品细度等及时调节喂料量，使磨内物料量稳定。

3.3.1.2　控制入磨负压

入磨负压反映了磨内存料量，以及通风阻力、通风量的情况。入磨负压过低，磨内通风阻力大，通风量少，磨内存料量多；若入磨负压过大，磨内通风阻力小，通风量较大，磨内存料量过少。通常磨机入口负压控制为 −200～−300 Pa。当入磨物料量正常、各测点压力正常、选粉机转速正常、系统排风机运转正常时，入磨负压在正常范围内变化。通过调节磨内存料量或根据磨内存料量调节系统排风机入口阀门开度，可以达到稳定入磨负压的目的。

3.3.1.3　控制选粉机电流

选粉机电流的大小反映了出磨物料量的多少和选粉机上游设备的运转情况。选粉机电流过大，表明入选粉机物料量过多；选粉机电流过小，表明入选粉机物料量过少，其原因可能是出磨物料量少，也可能是选粉机前的设备出现堵塞或故障。可根据入磨物料粒度、易磨性等及时调节喂料量，使入选粉机物料量稳定，确保选粉机电流在要求的范围内。当选粉机电流过低时应特别检查其上游设备的运行情况。

3.3.1.4 控制出磨气体温度

出磨气体温度的大小反映了磨内的烘干效果、喂煤量的多少、入磨热风温度和热风量等情况。出磨气体温度过低,磨内物料的烘干效果差,出磨产品水分大;温度过高,会影响系统排风机和窑尾收尘器的安全运转。可根据出磨风温,及时调节喂料量或调节入磨风温和风量,使出磨风温稳定。

3.3.1.5 控制出磨气体压力

出磨气体压力的大小反映了磨内的阻力大小及磨内的生产状况。出磨气体压力过低,磨内的排风量不够,烘干效果差,出磨产品水分大、细度粗;压力过高,磨内阻力较大,这可能是系统排风量过大造成的,也可能是出现了饱磨现象。出磨气体压力可通过控制磨尾排风机进口阀门开度进行调节。

3.3.1.6 控制出磨煤粉细度

出磨煤粉细度的大小反映了出磨煤粉的质量。出磨煤粉越细,着火燃烧越快,形成的火焰越短。但煤粉过细时,会使磨机产量降低,各种消耗增大。可根据产品细度要求调节喂料量、选粉机转速、系统拉风量等参数,确保出磨煤粉细度在要求的范围内。

3.3.2 立式磨系统正常运行控制

3.3.2.1 立式磨系统正常运行操作要点

立式磨系统操作上要五稳定(喂料、出磨气体温度、进出口压差、外循环量和选粉机转速要稳定)和七兼顾(要兼顾磨机振动幅度、主机电流变化、料层厚度、产品细度、窑运行状况、收尘器出口 CO 浓度和灰斗温度),确保系统安全运行。立式磨调节参数的改变引起检测参数的变化如表 3.3.3 所示。

表 3.3.3 立式磨的调节参数调整引起检测参数的变化关系

检测参数	调节参数							
	喂料量增加	气体流量增加	进口温度增加	选粉机速度增加	磨机压差增加	辊子压力增加	挡料环高度增加	喂料粒度增加
气体流量	↓	↑	↓	→	↓	→	→	→
磨机能力	↑	↑	→	↓	↑	↑	↑	↓
磨机压差	↑	↓	↓	↑		↓	↑	↑
产品细度	↓	↑	→	↓	↑	↓	↓	↑
内部循环负荷	↑	↓	↓	↑	↑	↓	↑	↑
排渣	↑	↓	↓	↑	↑	↓	↓	↑
辊子压力	↑	↓	↓	↑	↑		↑	↑
选粉机电流	↑	↑	↓	↑	↑	↑	↑	↑
出口温度	↓	↑	↑	→	↓	↓	↓	↓
进口压力	↓	↑	↓	→	→	↓	↓	↓
出口压力	↓	↑	↓	→	↓	↓	↓	↓
磨机电流	↑	↑	↓	↑	↑	↑	↑	↑
磨机风机电流	↑	↑	↓	→	↑	↑	↑	↑

注:↑表示上升,↓表示下降,→表示不变。

(1) 合适的料层厚度

料层太薄,磨机振动大;太厚则粉磨效率低,严重时还会造成剧烈振动。可通过调节挡料圈高度、减少风环宽度、提高风环处风速或改变辊压(降压或加压)使料层变厚或变薄。

(2) 适宜的辊压

进入立式磨的物料是借助于对料床施以高压而粉碎的,压力增加则产量增加,但达到某一临界值后不再变化。

(3) 控制合理的风速

立式磨系统主要靠气流带动物料循环,合理的风速使料层厚度适当、稳定,粉磨效率较高。风速可以通过入口负压来控制。生产过程中,当风环面积已定时,风速由风量决定,风机的风量受系统阻力影响,合理的风量和喂料量、质量相关。此时应首先满足输送物料的要求,若风量过小会造成大量合格细粉不能被及时送走,使电耗增大。当磨机进口压力过高时,说明入磨气体量太小,应调大磨机进口风门开度;反之,应调小进口风门开度。

(4) 保持物料平衡

立式磨要求粉磨系统的喂料能力、粉磨能力、烘干能力、排渣量或外循环之间应处于平衡状态。在喂料能力一定时,若粉磨能力不足,会引起大量吐渣,需增加工作压力以提高粉磨能力,或适当减少喂料量;反之,粉磨能力过强,料层逐渐减薄,最终将引起振动,此时宜适当减小工作压力或增大喂料量。若输送能力不足,同样会引起大量吐渣,此时应加大风量,增强输送能力。若烘干能力不足,说明温度太低,成品水分大,将影响粉磨效率和收尘系统的效果。

(5) 停窑后,磨机维持运行的操作

立式磨生产用出预热器的烟气作为热源。因故障临时停窑,为保持立式磨运行,此时应打开冷风阀门,停止喷水系统,并大幅度减少磨机喂料,保证出磨气体温度高于露点60℃。当窑故障排除后,在窑投料前可稍增大磨机喂料量,控制料层厚度使其偏高。窑投料时,应迅速增大磨机喂料量,并根据热风量、热风温度逐渐开启喷水系统及关小冷风门。

3.3.2.2 立式磨系统正常运行的控制

(1) 控制磨机压差

立式磨压差是指运行中,磨腔与热烟气入口静压之差。这个压差是由热风入磨的喷口环的局部阻力和磨腔间悬浮的流体阻力构成的。正常情况下,压差变化主要是由于腔内悬浮的物料量变化而引起的。在喂料量等参数不变的情况下,压差降低,表明入磨物料量少于出磨物料量,循环负荷降低,料层变薄,薄到极限时,会发生振动;压差增高,表明入磨物料量多于出磨物料量,料层变厚,主机电流增大,也会出现磨机振动。

(2) 控制入磨负压

入磨负压反映了入磨风量的多少,过低或过高都会使磨通风量受到限制。入磨负压过低,磨内通风阻力大,通风量少,磨内存料量多,易产生排渣;若入磨负压过高,磨内通风阻力小,通风量较大,磨内存料量过少。通常调节磨内存料量或据磨内存料量调节系统排风机入口阀门开度,使入磨负压控制在正常值。

(3) 控制入磨气体温度

入磨气体温度反映了入磨冷、热风比例的大小。入磨风温增高,表明入磨冷风掺量减少或高温风机出口风温增高。当入磨风温增高,喂煤量、原煤水分不变时,使出磨风温偏高;反之,出磨风温偏低。通常调节入磨冷风量,使入磨风温控制在正常值。

(4) 控制出磨气体温度

立磨出口气体温度的大小反映了磨内的烘干能力、喂料量的多少、入磨热风温度和热风量等情况。立磨出口气体温度过低,对磨内物料的烘干能力不足,出磨产品水分大,易使收尘系统气体结露;温度过高,会影响系统排风机和窑尾收尘器的安全运行。通常根据出磨风温,及时调节喂料量或调节入磨风温和风量,使出磨风温稳定,确保立磨出口风温在 75 ℃左右。

(5) 控制拉紧力

研磨压力(辊磨自重+中心架质量+拉紧力+其他)是作用在物料上的力,操作上的压力指的是拉紧力(或称为辊压力、液压力),生产中通过控制液压系统,以改变拉紧力大小来满足粉磨需要。拉紧力是控制成品细度和产量的主要参数之一。随着拉紧力增大,产量增加,料层变薄,物料粒径变小。但提高到一定程度后,产量变化不明显,反而带来主机电流增大,磨辊、磨盘的磨损也加大的负面效果。拉紧力太小,细度不合格,吐渣多,产量低。合适的辊压力是在高喂料量情况下,使磨机运转中振动值正常,磨辊使用寿命长。操作控制的拉紧力大小,要与物料易碎性结合,易碎的物料控制值低,易碎性差的物料控制值要大。

(6) 控制磨内料床的厚度

磨内料床的薄厚反映了入磨物料量、入磨物料的性质与磨机辊压、磨内风速的匹配情况。磨内料床过薄,易引起磨机振动;磨内料床过厚,磨内粉磨效率过低,影响磨机产量。通常根据入磨物料粒度、易磨性、喂料量,选择适当的辊压和磨内风速,以稳定磨内压实后的料床厚度控制在 40~50 mm。

(7) 控制出磨成品细度

出磨成品细度的大小反映了煤粉的质量。出磨煤粉越细,着火燃烧越快,形成的火焰较短。但过细时,会使磨机产量低,电耗增加。通常根据产品细度要求调节喂料量、选粉机转速、系统拉风等变量,确保出磨成品细度在要求的范围内。

任务 4　煤粉制备系统常见故障处理

任务描述:根据煤粉制备系统出现的故障,分析判断其产生的原因,并正确处理煤粉制备系统温度异常、压力异常、电流异常、磨音异常、细度异常及设备跳停等常见故障。

知识目标:熟悉煤粉制备系统的温度、压力、电流、磨音、细度等主要控制参数异常和磨况异常时的现象,掌握故障处理的知识。

能力目标:能对仿真系统模拟的煤粉制备系统故障进行准确的判断,并能采取正确的方法处理故障。

4.1　温度异常处理

4.1.1　入磨气体温度过高

现象:入磨气体温度值高于正常控制范围。

原因分析:从煅烧系统引来的热风过多。

处理方法:打开冷风阀,掺入适量冷风,或关小来自烧成系统的热风阀门开度。

4.1.2 出磨气体温度过高

现象：出磨气体温度值高于正常控制范围。

原因分析：

① 热风量太多；
② 入磨冷风阀门开度太小；
③ 喂煤量过少；
④ 原煤水分小。

处理方法：

① 关小入磨热风阀门；
② 开大入磨冷风阀门；
③ 增加喂煤量；
④ 减小入磨热风阀门开度。

4.1.3 出磨气体温度急剧升高

现象：

① 磨机出口气温突然超过 80 ℃；
② 气体中 CO 含量上升。

原因分析：磨机内部着火。

处理方法：通知现场迅速查明着火点；压料灭火；停磨并通知现场立即向磨内喷入 CO_2 气体。

4.1.4 出磨气体温度过低

现象：出磨气体温度值低于正常控制范围。

原因分析：

① 热风量太少；
② 入磨冷风阀门开度太大；
③ 喂煤量过大；
④ 原煤水分大。

处理方法：

① 开大入磨热风阀门；
② 关小入磨冷风阀门；
③ 减少喂煤量；
④ 加大入磨热风阀门开度。

4.1.5 煤粉仓内温度上升报警

现象：煤粉仓内温度上升报警。

原因分析：堆积的煤粉自燃。

处理方法：
① 煤磨系统紧急停车；
② 双管螺旋输送机紧急停车，关闭仓下螺旋闸门；
③ 通知现场确认着火，并喷入 CO_2 气体进行灭火。

4.1.6 煤磨电收尘出口气体温度过高

现象：煤磨电收尘出口气体温度值高于正常控制范围。
原因分析：
① 电收尘灰斗积灰自燃；
② 热风量太多；
③ 磨头冷风阀开度太小。
处理方法：
① 通知现场处理，用 CO_2 灭火；
② 关小热风风机进口阀门开度；
③ 加大冷风阀门开度。

4.1.7 煤磨电收尘灰斗温度过高

现象：煤磨电收尘灰斗温度值高于正常控制范围。
原因分析：
① 灰斗积灰；
② 灰斗着火。
处理方法：
① 通知现场处理；
② 停机灭火。

4.1.8 主轴温度高

现象：
① 温度指示仪指示偏高；
② 磨机电流升高。
处理方法：
① 检查供油系统，看供油压力、温度是否正常，如不正常进行调整；
② 检查润滑油中是否有水或其他杂质；
③ 检查入磨风温是否过高，如过高进行调整；
④ 检查冷却水系统。

4.1.9 减速机轴温高

现象：减速机轴温度上升。
处理方法：
① 检查供油系统，看供油压力、温度是否正常，如不正常进行调整；

② 检查润滑油中是否有水或其他杂质；
③ 检查冷却水系统。

4.2 压力异常处理

4.2.1 立式磨进出口压差过大

现象：磨机进出口压差指示高。
原因分析：
① 喂料控制装置故障，喂料过多；
② 磨盘部的喷口环堵塞；
③ 风量过大；
④ 选粉机调整的细度过细。
处理方法：
① 校正喂料控制装置，减少喂料量；
② 停磨清理堵塞；
③ 稳定风量；
④ 降低选粉机转速。

4.2.2 立磨进出口气体压差过低

现象：磨机进出口压差指示低。
原因分析：
① 喂料量小；
② 分离器转速低；
③ 风量小。
处理方法：
① 加大喂料量；
② 提高分离器转速；
③ 稳定风量。

4.2.3 磨压差急剧上升

现象：磨压差急剧上升。
原因分析：
① 喂料量增加速度过快；
② 系统风量迅猛上升；
③ 磨机出口温度急剧上升。
处理方法：
① 缓慢增加喂料量；
② 分析风量上升的原因，调整磨内通风；

③ 关小热风挡板。

4.2.4 出磨负压偏高

现象：
① 出磨负压偏高，入磨负压增大；
② 出磨负压偏高，入磨负压降低。
原因分析：
① 磨尾拉风大；
② 磨内物料过多或发生堵塞。
处理方法：
① 降低磨尾拉风；
② 降低喂料量或停止喂料。

4.2.5 磨尾排风机入口负压过高

原因分析：
① 排风量过大；
② 磨尾收尘器堵塞或通风阻力过大。
处理方法：
① 关小该风机入口阀门；
② 检查收尘器出、入口压差是否比正常值高很多，查明原因进行处理。

4.2.6 磨尾收尘器入口负压过高

现象：磨尾收尘器入口负压值过高。
原因分析：
① 排风量过大；
② 粉磨系统通风阻力过大或该系统有堵塞。
处理方法：
① 适当关小磨尾风机入口阀门，降低排风量；
② 检查粉磨系统各设备出入口的压差大小，做出正确判断并及时处理。

4.3 电流异常处理

4.3.1 选粉机电流过高

现象：
① 磨音低沉、磨机电流较高、出磨提升机电流较大；
② 选粉机电流过高。
原因分析：
① 入选粉机物料量过多；

② 选粉机自身的问题,如转子的转向与导向叶片的倾角不一致等。

处理方法:

① 减少磨机喂料量,必要时可停止喂料,待磨音、磨机电流、出磨提升机电流、选粉机电流达到正常后再逐渐增加喂料量至正常值;

② 若是其他原因引起的电流过高,应停机检查再进行处理。

4.3.2　磨机电流过大

现象:磨机电流过大。

原因分析:

① 磨机喂料量过多(磨机喂料量达到饱磨临界点以前,磨机电流都会随喂料量的增加而增大);

② 回磨粗粉量过多,使磨内总的存料量过多(此时物料易磨性降低,且未及时减料造成磨内存料量过多)。

处理方法:

应减料,必要时停料,同时要适当加大排风量。

4.4　细度异常处理

4.4.1　出磨煤粉细度过粗

现象:化验室检验报告显示煤粉细度粗。

原因分析:

① 风量过大;

② 料量过多;

③ 选粉机转速过低;

④ 研磨压力低;

⑤ 入磨物料粒度大、煤质硬;

⑥ 选粉机导向叶片磨损严重,选粉效果不好。

处理方法:

① 降低排风机挡板开度;

② 适当减少喂料量;

③ 增加选粉机转速;

④ 调整研磨压力;

⑤ 降低入磨物料粒度、换位取煤;

⑥ 更换导向叶片。

4.4.2　出磨煤粉细度过细

现象:化验室检验报告显示细度细。

原因分析:

① 选粉机转速太高；
② 系统通风小；
③ 磨机喂料量小。

处理方法：
① 降低选粉机转速；
② 开大系统排风机挡板,增大系统拉风；
③ 增加喂料量。

4.5 磨音异常处理

4.5.1 磨音过低

现象：
① 磨音低沉；
② 磨机电流突然变大或突然变小；
③ 磨尾提升机电流变大；
④ 进出磨气体压差增大。

原因分析：磨机喂料量过大。

处理方法：
① 降低喂料量或停止喂料,并在该状态下再运转一段时间,以消除磨内积料；
② 注意观察各测点参数,当显示磨内较空时,逐渐增加喂料量,使磨机恢复正常操作。

4.5.2 磨音过高

现象：
① 磨音高、声脆,磨机电流变小,磨尾(粗粉分离器)出口负压下降；
② 磨音高、声脆,磨尾(粗粉分离器)出口负压上升。

原因分析：
① 磨机喂料量过小；
② 磨烘干仓堵塞。

处理方法：
① 逐渐增加喂煤量直到各参数正常；
② 检查原煤水分是否较大,若较大可适当减少喂料量;适当提高磨头风温;如以上措施无明显效果,应停磨检查。

4.5.3 磨音记录为刺状曲线

现象：磨音异常,从中控磨音记录上可以发现有刺状曲线。
原因分析：隔仓板破损或倒塌。
处理方法：立即停磨检查。

4.5.4 磨音记录曲线上有明显峰值

现象：
① 磨音记录曲线上有明显峰值；
② 现场可听到明显的周期性冲击声；
③ 筒体衬板螺栓处冒灰较严重。
原因分析：衬板掉了。
处理方法：立即停磨，进行处理，并检查有没有被砸坏的地方。

4.6 煤粉水分异常

4.6.1 煤粉水分过大

现象：化验室检验报告显示煤粉水分过大。
处理方法：
① 增加热风风量；
② 减小喂料量。

4.6.2 煤粉水分过低

现象：化验室检验报告显示煤粉水分过低。
处理方法：
① 减小热风风量；
② 增加喂料量。

4.7 磨机振动故障处理

4.7.1 立磨振动突然增大

现象：立磨振动突然增大。
原因分析：
① 原煤仓不下料、料仓堵；
② 磨内有大件铁块；
③ 磨出口温度波动大。
处理方法：
① 现场敲打、振打，若不行，应停机处理；
② 及时剔除铁块；
③ 及时调节各挡板开度。

4.7.2 立磨振动跳停

现象:磨机振动跳停。

原因分析:
① 测振元件失灵;
② 液压站蓄能器压力不平衡或过高;
③ 磨内有铁块等异物;
④ 料层波动大;
⑤ 系统风量不足或喂料量过小;
⑥ 入磨物料粒度过大或过细;
⑦ "上炕"、"下炕"掉架;
⑧ 磨盘及磨辊有损坏。

处理方法:
① 停磨联系电气人员处理;
② 调整研磨压力;
③ 停磨并清除异物;
④ 稳定料量;
⑤ 调整主风机挡板开度和喂料量;
⑥ 换位取煤;
⑦ 扶正磨辊;
⑧ 停磨检查。

4.8 吐渣过多

现象:吐渣过多。

原因分析:
① 喂料量过大,压差大;
② 入磨物料粒度过大、煤质硬;
③ 研磨压力过小;
④ 系统通风量不足;
⑤ 喷口环损坏、磨损;
⑥ 挡料环、磨辊、磨盘磨损。

处理方法:
① 减少喂料;
② 降低入磨物料粒度;
③ 调整研磨压力;
④ 加大通风量;
⑤ 停磨修理或者更换;
⑥ 停磨修理或者更换。

4.9 设备故障停车处理

4.9.1 部分设备跳停

4.9.1.1 煤磨电机跳停

处理方法：

① 因设备间的联锁，喂煤系统设备立即停车；

② 迅速打开磨头冷风阀，使煤磨出口气体温度保持在 65 ℃以下；

③ 煤磨慢转装置能工作时，按正常操作顺序使系统停车。

④ 煤磨慢转系统不能工作时，首先关闭进磨热风管道阀门，全开磨头冷风阀，逐渐降低磨机出口温度，使出磨气体温度在 50 ℃以下；若不行则将排风机及煤粉输送设备停车。

4.9.1.2 喂煤设备跳停

处理方法：

① 使系统中喂煤设备以外的设备继续运转；

② 逐渐减少进磨热风量（或关闭热风阀），慢慢打开磨头冷风阀，使煤磨出口气体温度保持在 80 ℃以下；

③ 按正常操作顺序停车。

4.9.1.3 煤磨排风机跳停

处理方法：

① 煤磨及喂煤系统设备因联锁立即停车；

② 立即关闭进磨热风管道阀门，打开磨头冷风阀，降低磨头气温；

③ 按煤磨排风机正常停车后的操作顺序使系统停车。

4.9.1.4 电收尘器排风机跳停

处理方法：

① 因设备间的联锁首先使煤磨排风机紧急停车，再使煤磨及喂煤系统设备紧急停车；

② 立即关闭进磨热风管道阀门，打开磨头冷风阀，降低磨头气温；

③ 按电收尘器排风机正常停车后的操作顺序使系统停车。

4.9.1.5 煤粉输送设备跳停

处理方法：

① 电收尘器排风机紧急停车，电收尘器进口阀门关闭；

② 煤磨排风机紧急停车；

③ 因设备间的联锁，煤磨及喂煤设备紧急停车。

4.9.2 系统全部设备紧急停车

处理方法：

① 系统紧急停车；

② 全部关闭所有的阀门；

③ 严密监视煤粉仓、电收尘器等的温度值，如有报警按相应处理方法处理。

4.10 其他异常情况处理

4.10.1 选粉机速度失控

现象：选粉机速度失控。

原因分析：选粉机的变频器出现了问题。

处理方法：关小所有热风阀门，开大磨头、磨尾的冷风阀门，喂料量设定为"0"，并进行停机检查及处理。

4.10.2 煤粉仓内煤粉外逸

现象：煤粉仓内煤粉外逸。

原因：

① 煤粉仓在正压下进料；

② 局部煤粉爆炸使法兰等变形。

处理方法：

① 通知现场检查仓上部收尘管道是否堵塞；

② 通知现场检查煤粉仓顶防爆片是否损坏。

4.10.3 防爆阀破裂

现象：

① 系统压力急剧上升；

② 巡检中发现有漏气和煤粉外逸；

③ 有爆炸声。

原因分析：

① 入磨气体温度太高；

② 有静电火花产生；

③ 设备摩擦撞击产生高温或火花。

处理方法：

① 煤磨系统紧急停车；

② 通知现场进行外逸煤粉的清扫工作；现场确认设备内部情况，如内部着火则将着火煤粉排出之后再进行处理；修理损坏的防爆阀，更换阀片，如法兰有损坏则对法兰进行更换。

4.10.4 预防和处理煤粉制备系统燃烧爆炸事故

堆积状态下的煤氧化速率超过散热速率就会发生自燃现象。煤磨运转或停转中，系统中某些沉积的煤粉容易发生自燃；当环境温度较低时，若系统温度控制得较低，易出现煤粉结露现象，造成黏结堵塞，也易引起自燃。因此，防止系统中煤粉沉积、堵塞，防止漏风，是预防煤粉自燃的重要措施。

当煤粉很细时，在悬浮状态下直接与空气接触，一旦引燃就能迅速发生氧化反应发生爆炸。根据对许多次爆炸事故的分析,发生爆炸必须具备四个条件:① 可燃性物质高度分散且气体中可燃性物质的浓度在可爆炸极限之内;② 可爆气体达到可爆的程度;③ 足够的氧气;④ 存在火源。经验证明,四个条件中任何一个在生产过程中得到有效的控制,就可以防止爆炸。

预防和处理煤粉制备系统燃烧爆炸事故的措施主要有:

① 开车前应认真检查系统内的仪表、指示灯、报警器是否完好,系统内各处的温度及CO浓度是否正常,确认无误后方可开车。

② 磨主机启动前应先暖机,待磨机出口温度达到65～70 ℃时方可开磨喂煤。其目的是防止系统温度低而使磨料结露,造成黏结堵塞,引起自燃或爆炸。

③ 严格控制入磨及出磨气体温度,对于粗粉回磨头的工艺流程,要求入磨热风不高于250 ℃,以免使细煤粒达到燃点。对于粗粉回磨尾的工艺流程,入磨热风温度可适当高些。实际生产中,入磨气体温度是根据出磨气体温度来控制的,出磨气体温度最高不超过80 ℃。

④ 在正常生产中,应密切关注系统内各处的温度及CO浓度变化,当发现系统中任一设备的出口温度大于入口温度或CO浓度升高时应立即停车检查及处理。

⑤ 密切注意系统中的压力变化,严防系统内堵塞造成煤粉堆积。严禁煤磨在断煤的情况下长时间空磨高温运转。

⑥ 严禁系统带料停车。若因故长时间带料停车,在开车时应向磨内喷入 CO_2 或惰性气体,关闭所有阀门并启动风机,然后慢慢打开进口阀。先慢转磨,再启动主传动装置,以防大量进氧及把大量煤粉搅起引起爆炸。

⑦ 若系统发生了爆炸,在没有查清原因并采取措施前,必须立即停磨。

⑧ 在停磨检修时,应等磨内冷却后再把磨门打开,避免磨内高温的含细煤粉气体遇氧气爆炸。

⑨ 不允许有火焰、火星和其他高温源在煤粉设备附近出现,在磨机运转中禁止用电焊、气焊焊补或吹割管道。

⑩ 整个煤粉制备系统应完全密闭,严禁漏风。

⑪ 过分干燥的煤粉易燃易爆,因此出磨煤粉的水分不能低于0.5%。

⑫ 正在燃烧的煤粉严禁打、扫和吹动。若在磨中燃烧,磨机转动后会熄灭,也可喷入惰性气体,但绝不允许通入蒸汽或压缩空气。若煤粉仓内着火,应将入口关闭,用灭火器灭火。

⑬ 煤在储存时会发生自燃,因此计划停窑3 d以上时,煤粉仓中的煤粉要排空;停窑15 d以上时,原煤仓中的原煤也要排空。

⑭ 煤粉制备厂房内应经常打扫,严禁煤粉堆积并应备有足够的灭火器。

项 目 实 训

实训1 煤粉制备系统开停车实训

任务描述:本实训项目是以新型干法水泥生产仿真系统为主要载体,让学生根据工艺流程模拟按顺序启动和停止煤粉制备系统设备的操作。

实训内容:

(1) 打开仿真系统,正常开机进入煤粉制备系统,所有设备处于未开机状态。

(2) 按顺序进行组启动,设备开车时注意设备之间的启动联锁、安全联锁及运行联锁。
(3) 按顺序进行组停车,设备停车时注意停车联锁关系及注意事项。

实训2 煤粉制备系统正常运行操作实训

任务描述:本实训项目是以新型干法水泥生产仿真系统为主要载体,让学生操作煤粉制备系统使其正常运行。

实训内容:

(1) 风扫磨正常运行操作实训
① 控制磨音(电耳);
② 控制入磨负压;
③ 控制选粉机电流;
④ 控制出磨气体温度;
⑤ 控制出磨气体压力;
⑥ 控制出磨煤粉细度。

(2) 立式磨系统正常运行操作实训
① 控制磨机压差;
② 控制入磨负压;
③ 控制入磨气体温度;
④ 控制出磨气体温度;
⑤ 控制拉紧力;
⑥ 控制磨内料床的厚度;
⑦ 控制出磨成品细度。

实训3 煤粉制备系统常见故障处理实训

任务描述:本实训项目是以新型干法水泥生产仿真系统为主要载体,让学生学会对出现的故障进行处理。

实训内容:
① 出磨气体温度过高;
② 出磨气体温度急剧升高;
③ 出磨气体温度过低;
④ 煤磨电收尘出口气体温度过高;
⑤ 立式磨进出口压差过大;
⑥ 出磨负压偏高;
⑦ 磨尾排风机入口负压过高;
⑧ 磨尾收尘器入口负压过高;
⑨ 选粉机电流过高;
⑩ 磨机电流过大;
⑪ 出磨煤粉细度过粗;
⑫ 磨音过低;
⑬ 磨音记录曲线上有明显峰值;
⑭ 煤粉水分过大;

⑮ 立式磨振动突然增大；
⑯ 吐渣过多；
⑰ 部分设备跳停；
⑱ 防爆阀破裂。

思 考 题

1. 简述风扫磨煤粉制备系统工艺流程。
2. 简述立式磨煤粉制备系统工艺流程。
3. 风扫磨煤粉制备系统的重点控制参数有哪些？
4. 简述风扫磨的工作原理。
5. 煤粉制备系统有哪些安全设施？
6. 立式磨煤粉制备系统的重点控制参数有哪些？
7. 影响立式磨运行的重要因素有哪些？
8. 简述风扫磨煤粉制备系统开、停车的顺序。
9. 简述立式磨煤粉制备系统开、停车的顺序。
10. 紧急停车时应如何处理？
11. 煤粉制备系统操作的基本原则是什么？
12. 怎样进行风扫磨系统正常运行控制？
13. 怎样进行立式磨系统正常运行控制？
14. 出磨气体温度过高应如何处理？
15. 立式磨进出口压差过大应如何处理？
16. 出磨负压偏高应如何处理？
17. 磨机电流过大应如何处理？
18. 出磨煤粉细度过粗应如何处理？
19. 磨音过低应如何处理？
20. 立式磨振动突然增大应如何处理？
21. 煤磨电机跳停应如何处理？
22. 如何预防和处理煤粉制备系统燃烧爆炸事故？

项 目 小 结

煤粉制备系统承担着为窑和分解炉提供煤粉的任务，它将入磨的原煤经过烘干、粉磨后制成煤粉，然后按一定比例分别输送至窑、分解炉进行燃料燃烧，放出热量供物料分解、煅烧之用。水泥厂煤粉制备系统按粉磨设备的类型可分为风扫磨制备系统和立式磨制备系统两种。

风扫磨系统通常由风扫钢球磨、选粉机（粗粉和细粉分离器）、独立或与窑共用的收尘器组成。系统正常运转时重点控制原煤仓料位、煤磨入料量、煤磨电流、进出口轴瓦温度、进出口气体温度与负压、选粉机的转速及电流、袋式收尘器的差压、排风机的电流、各煤粉仓的料位与监控温度等参数。

立式磨系统通常由立式磨和收尘器组成。系统正常运行时重点控制稳流仓料位，磨机入料量，磨机进出口温度、压力，磨机本体振动，磨机功率，选粉机转速、电流，排渣口温度，袋式收尘器的差压，排风机的电流、风量，氧气含量，各煤粉仓的料位。

由于煤粉具有易燃、易爆、质轻、粉细的特点，为防止煤粉外逸，所有设备都设置在零压或负压下运转;设有 CO_2 灭火系统;粗粉分离器、旋风收尘器、电收尘器(袋式收尘器)及煤粉仓上部均设有防爆阀。

煤粉制备系统开车前应按要求做相关的检查与准备,按风扫磨和立式磨系统的开、停车顺序开车和停车。煤粉制备系统在运转过程中可能发生故障停车、自行停车的情况,系统的部分设备也会因联锁而停车。另外,在紧急情况下,为保证人身和设备安全,现场岗位、电气人员、操作员也会使用紧急手段,使系统内的设备急停。

煤粉制备系统在生产中需要控制的参数很多,参数间的因果关联也比较紧密。这些参数包括检测参数和调节参数。检测参数反映了其运行状态,检测参数的调整与控制是通过调节参数的调整来实现的。

在操作过程中应注意喂料要均匀,关注磨音曲线,磨主机功率和电流曲线,磨机出入口压差,磨机、煤仓、电收尘出入口温度,磨机通风管道的气体温度和压力,原煤和成品的细(粒)度、水分等情况。对异常参数进行分析后,应及时做出判断,采取有效措施进行相应的处理,使参数恢复正常。

完成项目评价

项目名称:煤粉制备操作	评价内容	评价分值
任务1 煤粉制备系统运行准备	能绘制出煤粉制备风扫磨系统的工艺流程图并标出设备名称及重点控制参数,说明各设备的作用	20
任务2 煤粉制备系统开停车操作	能够准确表述开停车注意事项,能通过仿真系统完成煤粉制备系统的开、停车操作	25
任务3 煤粉制备系统正常运行操作	能够准确描述煤粉制备系统的主要参数和控制指标,在仿真系统上通过调节喂煤量、风量(风阀开度)、选粉机转速等参数实现煤粉制备系统的稳定运行	25
任务4 煤粉制备系统常见故障处理	能对仿真系统模拟的煤粉制备系统温度、压力、电流、磨音、细度等参数异常和磨况异常现象进行准确的判断,并采取正确的方法处理故障	30

项目 4 熟料煅烧操作

【项目描述】

本项目的具体任务是熟悉熟料煅烧系统的工艺流程,正常的开停车顺序,各测量仪表的位置及数值范围,各主要设备的结构、类型、作用和控制要点,回转窑正常稳定操作的原则;掌握主要控制参数对生产的影响、如何调节使这些参数在正常范围内变化、出现异常时如何处理,以及对非正常窑况的分析、判断和处理。

任务 1 熟料煅烧系统运行准备

任务描述:熟悉熟料煅烧系统工艺流程、主要设备及参数等知识。
知识目标:掌握熟料煅烧系统工艺流程、主要设备和参数等知识。
能力目标:准确描述熟料煅烧系统工艺流程、设备布置、主要设备组成及主要参数。

1.1 熟料煅烧系统工艺流程

1.1.1 熟料煅烧系统的发展及其组成

熟料煅烧系统作为水泥生产过程中"两磨一烧"的一个环节,承担着将生料烧成熟料的主要任务。近几十年来,水泥工业窑的发展非常迅速,尤其是窑外分解技术的发展,使水泥工业进入了一个崭新的时代。预分解技术以其强劲的生命力迅速发展起来,为水泥工业带来了全面的技术进步,具有传统回转窑工艺无法比拟的高质量、低消耗、高效率、高环保的优势,正逐步取代传统回转窑工艺。为了与老干法工艺区分,我国水泥届人士简单称预分解工艺为新型干法工艺,而国外则把它准确定义为预分解工艺(Pre-Calcining Process,简称 PCP)。新型干法水泥厂的生产过程,就是以悬浮预热和窑外分解技术为核心,以新型的烘干粉磨及原燃料均化工艺及装备,采用以计算机控制为代表的自动化过程控制手段,实现高效、优质、低耗的水泥生产过程。新型干法窑中控煅烧系统可分为预热器(旋风筒和换热管道)、分解炉(烧成窑尾)、回转窑(熟料煅烧)及冷却机(烧成窑头)四大部分,如图 4.1.1 所示。

1.1.2 熟料煅烧系统工艺流程

预分解窑系统由悬浮预热器、分解炉、回转窑和冷却机系统组成,其基本流程如图 4.1.2 所示。

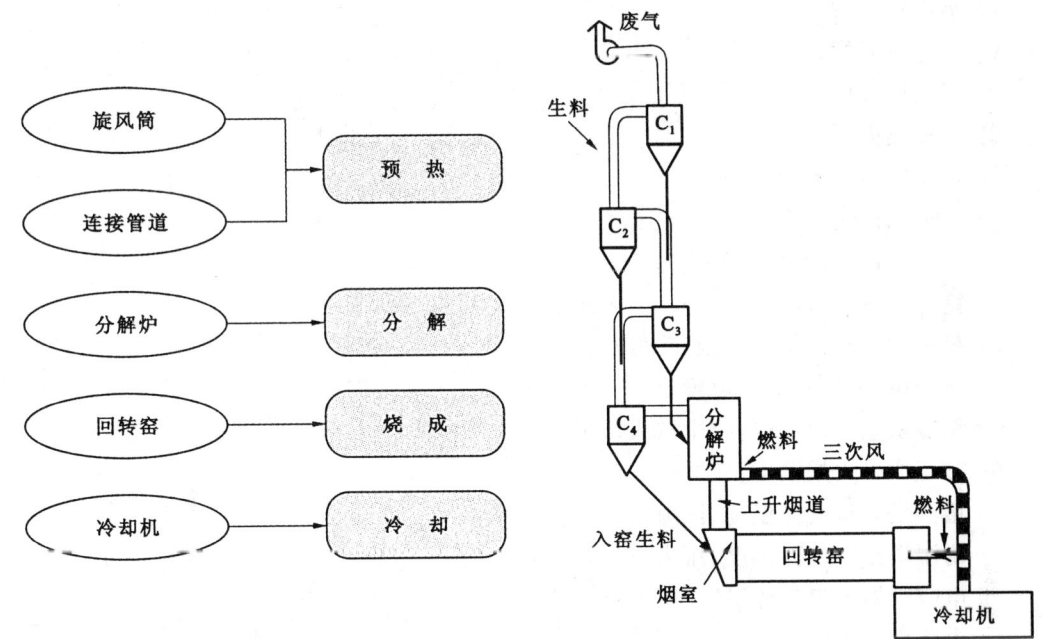

图 4.1.1　熟料煅烧系统组成　　　图 4.1.2　预分解窑基本流程

以带四级悬浮预热器的预分解窑系统为例,从物料的流向来看,生料经提升设备提升,由一级旋风筒 C_1 和二级旋风筒 C_2 间的连接管道喂入,被热烟气分散,悬浮于热烟气中并进行热交换,然后被热烟气带入旋风筒 C_1,在 C_1 筒内与气流分离后,由 C_1 筒底部下料管喂入第二级旋风筒 C_2 的进风管,再被热气流加热并被带入 C_2 筒,与气流分离后进入 C_3 筒预热,生料在 C_3 筒内与气流分离后进入分解炉,在分解炉内吸收燃料燃烧放出的热量,生料中碳酸盐受热分解,然后随气流进入四级旋风筒 C_4,大部分碳酸盐已完成分解的生料与气流分离后由 C_4 筒底部下料管喂入回转窑,在回转窑内烧成的熟料经冷却机冷却后卸出。

气体的流向与物料流向基本相反,在冷却机中被熟料预热的空气,一部分从窑头入窑作为窑的二次风供窑内燃料燃烧用;另一部分经三次风管引入分解炉作为分解炉燃料燃烧所需助燃空气(根据分解炉的形式不同,三次风可能在炉前或炉内与窑气混合)。分解炉内排出的气体携带料粉进入 C_4 旋风筒,与料粉分离后依次进入 C_3、C_2、C_1 旋风筒预热生料。由 C_1 旋风筒排出的废气,一部分可能引入生料磨或煤磨作为烘干热源,其余经增湿降温处理,经收尘器收尘后由烟囱排入大气。

1.2　烧成系统的主要监测点

① 窑尾烟室温度、压力;
② 分解炉出口温度、压力;
③ 分解炉出口(或预热器出口)废气 O_2、CO 分析;
④ 各级旋风筒出口气体温度、压力;
⑤ 各级旋风筒下料管内物料温度;
⑥ 各级旋风筒锥体负压;

⑦ 窑门罩压力；
⑧ 二次风温度；
⑨ 三次风温度；
⑩ 窑体表面温度；
⑪ 窑主电机电流（功率）；
⑫ 点火烟囱帽开度；
⑬ 窑头一次风量（阀门开度）；
⑭ 篦冷机一、二段篦速；
⑮ 篦冷机一至六室风量及篦下压力；
⑯ 篦冷机一、二室篦板温度；
⑰ 篦冷机余风温度（电收尘器入口风温）；
⑱ 窑烧成带火焰温度；
⑲ 增湿塔入口气体温度、压力；
⑳ 增湿塔出口气体温度、压力；
㉑ 电收尘器入口气体温度、压力；
㉒ 电收尘器入口气体中 CO 含量；
㉓ 排风机入口气体压力。

1.3 烧成系统的重点监控参数

① 烧成带物料温度；
② 氧化氮（NO_x）浓度；
③ 窑转动力矩；
④ 窑尾气体温度；
⑤ 分解炉或最下一级旋风筒出口气体温度；
⑥ 最上一级旋风筒出口气体温度；
⑦ 窑尾、分解炉出口或预热器出口气体成分；
⑧ 最上一级及最下一级旋风筒出口负压；
⑨ 最下一、二级旋风筒锥体下部负压；
⑩ 预热器主排风机出口管道负压；
⑪ 电收尘器入口气体温度；
⑫ 窑速及生料喂料量；
⑬ 窑头负压；
⑭ 篦冷机一室下压力；
⑮ 窑筒体温度。

1.4 烧成系统主要设备

1.4.1 悬浮预热器

悬浮预热器由若干级换热单元(换热单元由旋风筒和换热管道组成)串联组成,其组成如图 4.1.3 所示,通常为 4～6 级,习惯上将预热器各级旋风筒由上到下进行排列和编号。

1.4.1.1 悬浮预热技术及其优越性

悬浮预热技术是指低温粉状物料均匀分散在高温气流之中,在悬浮状态下进行热交换,使物料得到迅速加热升温的技术。

悬浮预热技术的优越性主要表现在:物料悬浮在热气流中,与气流的接触面积大幅度增加,对流换热系数也较高,因此换热速度极快,大幅度提高了生产效率和热效率。

1.4.1.2 悬浮预热器的工作原理

设置悬浮预热器的目的就是为了实现气(废气)、固(生料粉)之间的高效换热,从而达到提高生料温度,降低排出废气温度的目的。

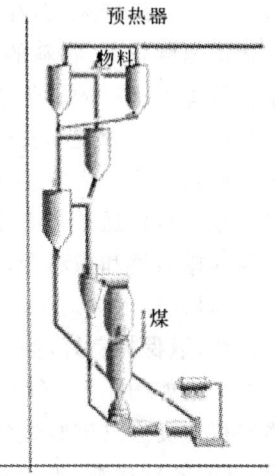

图 4.1.3 悬浮预热器

生料由第一级旋风筒(C_1)的进风管喂入,被热烟气分散,悬浮于热烟气中并进行热交换,然后被热烟气带入一级旋风筒 C_1;生料在离心力和重力作用下与烟气分离,沉降到旋风筒锥体底部,由下料管喂入第二级旋风筒(C_2)的进风管,被进入 C_2 筒的气流分散、悬浮、加热,再被气流带入 C_2 筒,在 C_2 筒内与气流分离;接着生料依次喂入三级旋风筒(C_3)、四级旋风筒(C_4)的进风管,依次被悬浮及进一步加热,在 C_4 旋风筒内与气流分离,经下料管进入分解炉,在分解炉内完成碳酸盐分解任务;经过碳酸盐分解后的生料与气体一起进入 C_5 分离后,通过下料管和窑的喂料室进入回转窑进行熟料煅烧。窑尾排出的热烟气,依次经 C_5、C_4、C_3、C_2、C_1 旋风筒,与生料换热后,排出预热器系统,经收尘后由烟囱排入大气。

1.4.1.3 悬浮预热器的换热单元

悬浮预热器每一级换热单元主要由旋风筒和换热管道组成。图 4.1.4 为一个换热单元,每级预热单元同时具备气固混合、换热和气固分离三种功能。

(1) 旋风筒

旋风筒的主要作用是分离物料。其工作原理与旋风收尘器类似,也是利用离心力的作用使气体、物料分离,只不过旋风收尘器不具备换热功能,仅具备较高的气固分离效率,而预热器旋风筒则具有一定的换热功能,只要保持必要的气固分离效率即可。

在窑尾系统中通常有四级或五级旋风筒。除最

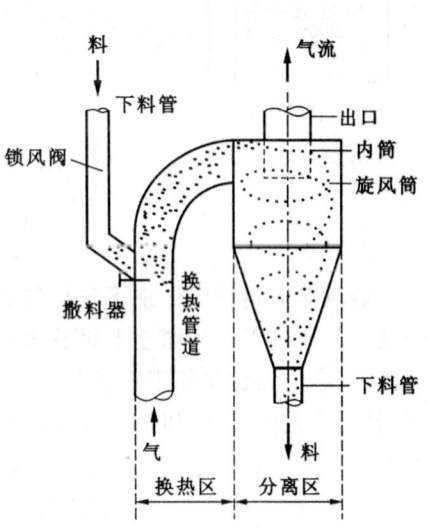

图 4.1.4 悬浮预热器的换热单元

低一级旋风筒外,它们将共同完成对物料的干燥、预热作用。最低一级旋风筒是连接分解炉和回转窑之间的纽带,从分解炉来的气体携带物料一起进入最低一级旋风筒,经气、料分离之后,物料从下料管入回转窑。

(2) 连接管道

每两级旋风筒之间有连接管道相连,其上有下料点,承担着物料分散、均布、锁风和换热的任务,其中最主要的作用是进行气体对物料的传热过程。从下一级旋风筒上来的气体将携带料粉进入上一级旋风筒,在气体携带料粉运动的过程中,由于管道内气体流速较高,气、固相的相对运动速度较大,物料的分散比较充分,气、固的传热面积很大,所以大约80%左右的热交换是在管道中进行的。传热的结果使气体温度下降,物料温度上升。

连接管道除管道本身外还装设有下料管、撒料器、锁风阀等装备,它们与旋风筒一起组合成一个换热单元。为使生料迅速分散悬浮,防止大料团难以分散甚至短路冲入下级旋风筒,在换热管道下料口通常装有撒料装置,并可以促使下冲物料冲至下料板后飞溅并分散。撒料装置有板式撒料器和撒料箱两种形式。板式撒料器结构如图4.1.5(a)所示,一般安装在下料管底部,撒料板伸入管道中的长度可调,伸入长度与下料管安装的角度有关,必须根据生料状况调节优化,以保持良好的撒料分散效果。撒料板暴露在炽热的烟气中,磨蚀严重,寿命较短。撒料箱结构如图4.1.5(b)所示,下料管安装在撒料箱体的上部,下料管安装角度和箱内的倾斜撒料板角度经过试验优化并固定。撒料箱经优化并选定角度,打上浇注料后,既能保证撒料效果,又能降低成本,延长寿命。

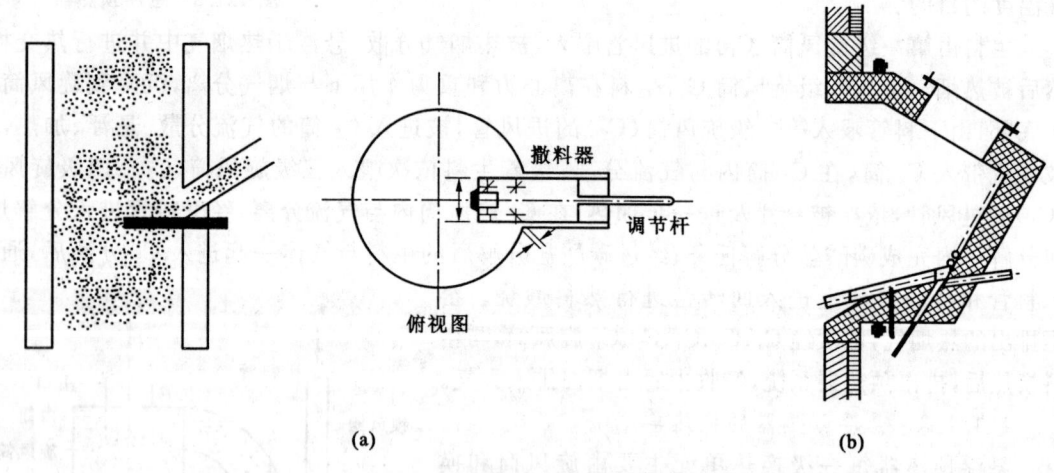

图 4.1.5 撒料装置结构示意图
(a) 板式撒料器;(b) 箱式撒料器

旋风筒下料管应保证下料均匀通畅,同时应密封严密,防止漏风。如密封不严,换热管道中的热气流经下料管窜至上级旋风筒下料口,引起已收集的物料二次飞扬,将降低分离效率。因此,应在上级旋风筒下料管与下级旋风筒出口换热管道的入料口之间的适当部位装设锁风阀(翻板排灰阀)。锁风阀可使下料管经常处于密封状态,既保持下料均匀畅通,又能密封物料不能填充的下料管空间,防止上级旋风筒与下级旋风筒出口换热管道间由于压差产生气流短路及漏风,做到换热管道中的热气流及下料管中的物料"气走气路,料走料路"。目前广泛使用的锁风阀有单板式和双板式两种,如图4.1.6所示。一般来说,倾斜的或料流量较小的下料管多采用单板阀,垂直的或料流量较大的下料管,多采用双板阀。

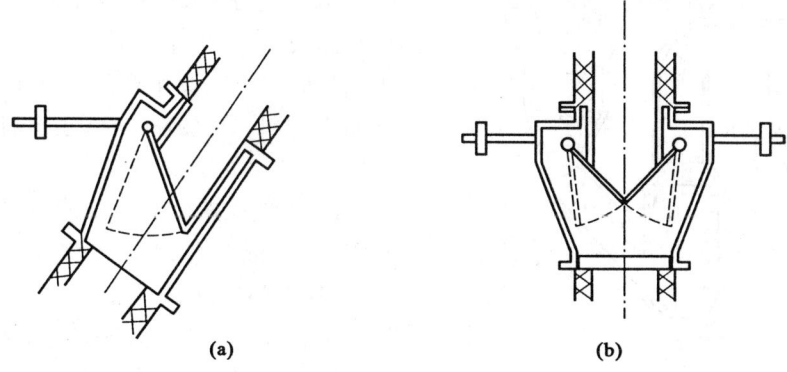

图 4.1.6 锁风阀结构示意图
(a) 单板式锁风阀;(b) 双板式锁风阀

1.4.2 分解炉

分解炉是窑外分解系统的核心部分,承担着预分解系统中繁重的燃烧、换热和碳酸盐分解任务。

按分解炉内气体运动的主要流型分类,分解炉可分为旋流(风)式、喷腾式、旋流-喷腾式、悬浮式及沸腾式(或称流化床式)等五种类型。

按分解炉内流场分类,也可将分解炉分为以下五类:

旋流-喷腾叠加流场类,如 SF 型、N-SF 型、KSV 型分解炉等;

旁置预燃室类,如 RSP 型、GG 型分解炉等;

流化床-悬浮层叠加流场类,如 MFC 型、N-MFC 型分解炉等;

喷腾或复合喷腾流场为主类,如 SLC 型、DD 型分解炉等;

悬浮层流场为主管道炉类,如 Prepol-AT 型、Pyroclon-R 型分解炉等。

我国水泥设计研究部门在消化吸收引进技术的基础上,创新研发出了许多新型分解炉,并成功实现了生产大型化。其中具有代表性的如天津院的 TDF 型、成都院的 CDC 型、南京院的 NC-SST 型分解炉等。

(1) N-SF 型分解炉

N-SF 型分解炉属于旋流-喷腾式分解炉(如图 4.1.7 所示)。三次风以切线方向进入涡流室,窑气则单独通过上升管道向上流动,使三次风与窑气在涡旋室形成叠加湍流运动,以强化料粉的分散及混合;燃料由涡流室顶部喷入,C_3 筒来料大部分从上升烟道喂入,少部分从反应室锥体下部喂入,用以调节气流量的比例,因而不需在烟道上设置缩口,这样既降低通风阻力,同时也减少了这一部位结皮堵塞的可能。此外,N-SF 型分解炉增大了分解炉的有效容积,更有利于煤粉充分燃烧和气固换热,提高了分解炉效率。

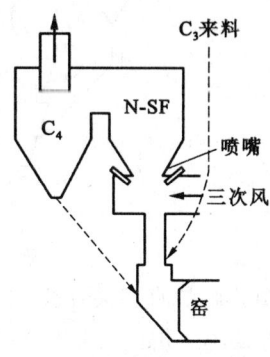

图 4.1.7 N-SF 型分解炉结构示意图

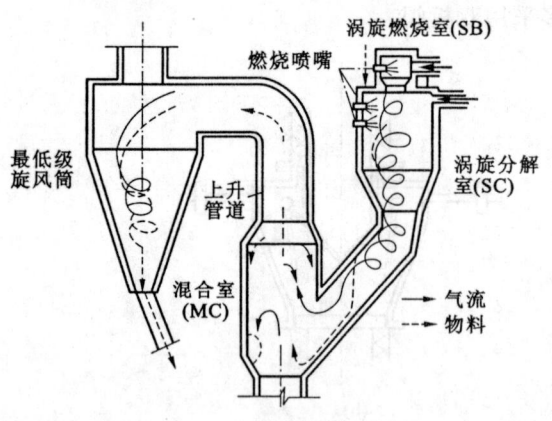

图 4.1.8 RSP 型分解炉结构示意图

(2) RSP 型分解炉

RSP 型分解炉（见图 4.1.8）由日本小野田水泥公司和川崎重工共同开发，并于 1974 年 8 月应用于工业生产。早期 RSP 型分解炉以油为燃料，在 1978 年第二次石油危机后改为烧煤。

RSP 型分解炉由涡旋燃烧室 SB、涡旋分解室 SC 和混合室 MC 三部分组成。

SB 内的三次风从切线方向进入，主要是使燃料分散和预燃；经预热的生料喂入 SC 的三次风入炉口，并悬浮于三次风中从 SC 上部以切线方向进入 SC 室；在 SC 室内，燃料与新鲜三次风混合，迅速燃烧并与生料换热，至离开 SC 室时，分解率约为 45%。

生料和未燃烧的煤粉随气流旋转向下进入混合室 MC，与呈喷腾状态进入的高温窑烟气相混合，使燃料继续燃烧，生料进一步分解。为提高燃料燃尽率和生料分解率，混合室 MC 出口与 C_4 级旋风筒的连接管道常延长加高形成鹅颈管。

(3) DD 型分解炉

DD 型分解炉（见图 4.1.9）由日本水泥公司与神户制钢所合作开发，并于 1976 年 7 月用于半工业生产。

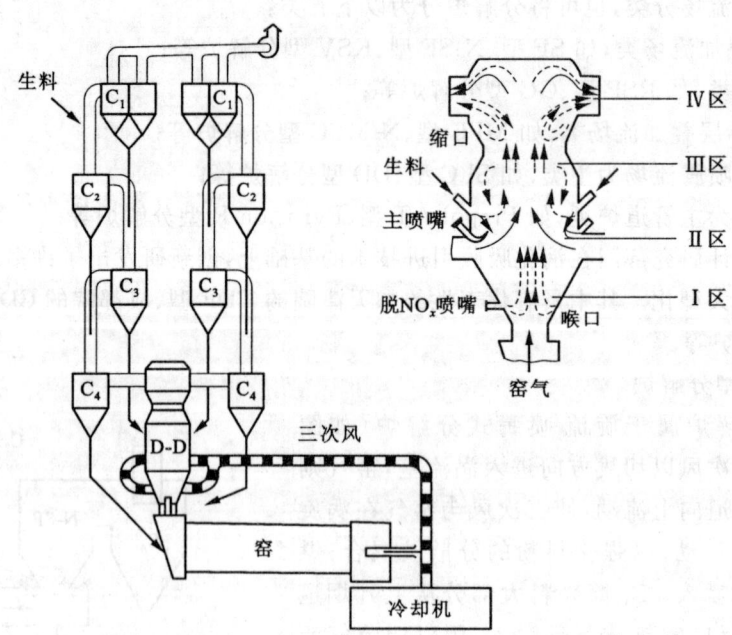

图 4.1.9 DD 型分解炉结构与工艺流程

DD 型分解炉直接装在窑尾烟室上，炉的底部与窑尾烟室连接部分设有缩口，无中间连接管道，阻力较小。炉内可划分为四个区段：Ⅰ区为还原区，包括喉口和下部锥体部分；Ⅱ区为燃料分解及燃烧区；Ⅲ区为主燃烧区，经 C_3 预热的生料由此入炉，煤粉在此充分燃烧并与生料迅速换热；Ⅳ区为完全燃烧区。第Ⅲ、Ⅳ区之间设有缩口，目的是再次形成喷腾层，强化气固混合,在较低的过剩空气下使燃料完全燃烧并加速与生料的换热。

(4) TDF 型分解炉

TDF 型分解炉(见图 4.1.10)是天津院在引进 DD 炉的基础上,针对中国燃料情况研制开发的双喷腾分解炉。窑尾废气从 TDF 炉底部锥体进入炉内产生第一次喷腾。从冷却机抽取的三次风从侧面两个进口切线方向进入,产生旋流。预热生料由下部不同高度的四个喂料管喂入,三次风入口上方喷入煤粉,在高温富氧环境下燃烧,并与生料迅速换热。在后燃烧区,气流经中部缩口产生二次喷腾,与顶部气固反弹室碰撞反弹后排出。

TDF 型分解炉的特点是分解炉中部设有缩口,使炉内气流产生二次喷腾;预热生料由下部圆筒不同高度的四个喂料管喂入,有利于物料均布和炉温控制;炉的顶部设有气固流反弹室,使气流产生碰顶反弹效应,延长物料在炉内的停留时间。

TDF 型分解炉已成功用于国内几十条生产线,其中生产能力最大的为海螺 5000 t/d 生产线。

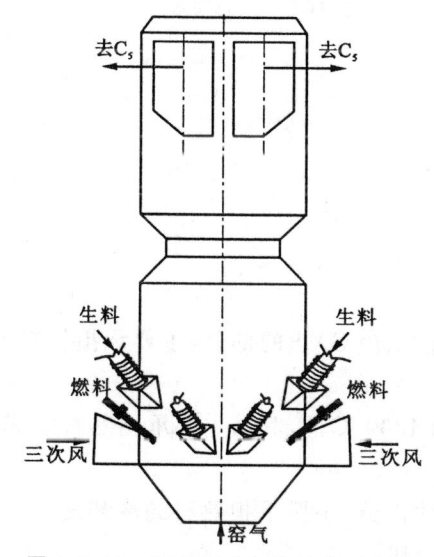

图 4.1.10 TDF 型分解炉结构示意图

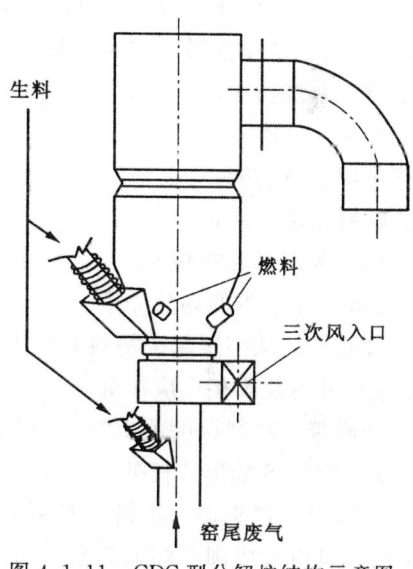

图 4.1.11 CDC 型分解炉结构示意图

(5) CDC 型分解炉

CDC 型分解炉是成都院在分析研究 N-SF 型分解炉的基础上研发的适合劣质煤的旋流与喷腾相结合的分解炉。其结构如图 4.1.11 所示。

煤粉从分解炉涡旋燃烧室顶部喷入,三次风以切线方向进入分解炉涡旋燃烧室。预热生料分为两路,一路由涡旋燃烧室上部锥体喂入,一路由上升烟道喂入,被气流带入涡旋燃烧室,与三次风及煤粉混合,再与直接进入分解炉的物料混合,经预热分解后由炉上部侧向排出。

CDC 型分解炉的特点是采用旋流和喷腾流形成的复合流。炉底部采用蜗壳型三次风入口,炉中部设有缩口形成二次喷腾,以强化物料的分散;预热生料从分解炉锥部和窑尾上升烟道两处加入,可调节系统工况,降低上升烟道处的温度,防止结皮堵塞。出口可增设鹅颈管,满足燃料燃烧及物料分解的需要。

1.4.3 回转窑

回转窑由筒体、支承装置、传动装置、密封装置、喂料装置和窑头燃烧装置等组成。回转窑是个圆形筒体，它倾斜地安装在数对托轮上。电动机经过减速后，通过小齿轮带动大齿轮而使筒体作回转运动。其结构如图 4.1.12 所示。

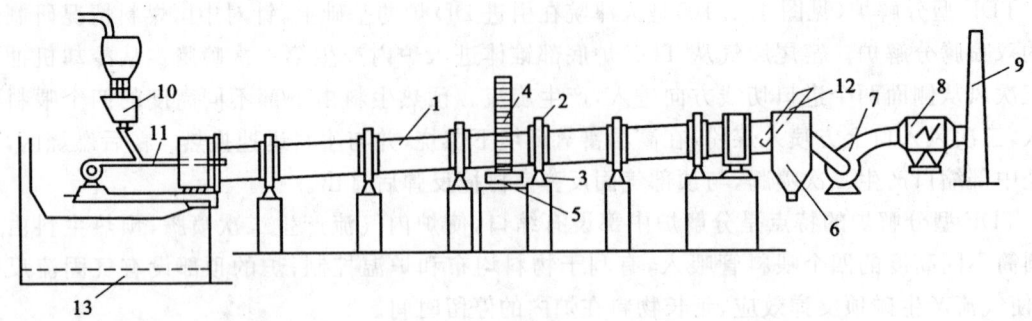

图 4.1.12　回转窑结构示意图

1—回转窑筒体；2—滚圈；3—托轮；4—大齿轮；5—小齿轮；6—烟室；7—排风机；
8—电收尘器；9—烟囱；10—煤粉仓；11—喷煤嘴；12—喂料管；13—篦冷机

预分解窑系统中回转窑的功能如下：
① 燃料燃烧功能；
② 热交换功能；
③ 化学反应功能；
④ 物料输送功能；
⑤ 降解利用废弃物功能。

预分解窑工艺带的划分如下：
① 过渡带。从窑尾起至物料温度为 1280 ℃（或 1300 ℃）止的部分，主要承担物料升温、部分碳酸盐分解及固相反应任务。
② 烧成带。物料温度由 1280 ℃ 到 1450 ℃ 再到 1300 ℃ 的部分，主要承担熟料烧成及熟料中主要矿物 C_3S 的形成任务。
③ 冷却带。窑头端部物料温度为 1300 ℃ 以下的部分，主要承担熟料的冷却任务。在该工艺带内熟料冷凝成圆形颗粒后落入篦冷机内继续冷却。

1.4.4　篦冷机

水泥熟料冷却机是水泥回转窑中重要的设备，也是一种热交换装置，它是高温物料向低温气体传热，使从回转窑内卸出的熟料（温度一般在 1000～1400 ℃ 之间）经过冷却后温度降至 100～200 ℃，并将含有大量热量（相当于熟料热耗的 20%～85%）的废气加以利用，提高窑的热效率；另外，熟料的冷却过程还能改善熟料质量，提高熟料易磨性，改善火焰燃烧条件，节约能源。图 4.1.13 为大型福勒（Fuller）型复合篦式冷却机结构简图。

该复合篦式冷却机由倾斜篦床和水平篦床组成。前两段是倾斜的，倾斜角为 5°，篦床较窄，推动速度较小。各个篦床之间可以有高度落差，亦可以没有落差，各段篦床均可以单独调速。

该复合篦式冷却机采用厚料层操作，料层厚度达 600 mm，借以提高二次风温和三次风温，其进窑二次风温可达 1000～1100 ℃。为了提高厚料层熟料的输送效率，热端常采用倾斜篦床，并改善"山形"篦板的布置，加强物料的搅动。同时，为了防止出窑熟料偏移下落，篦冷机

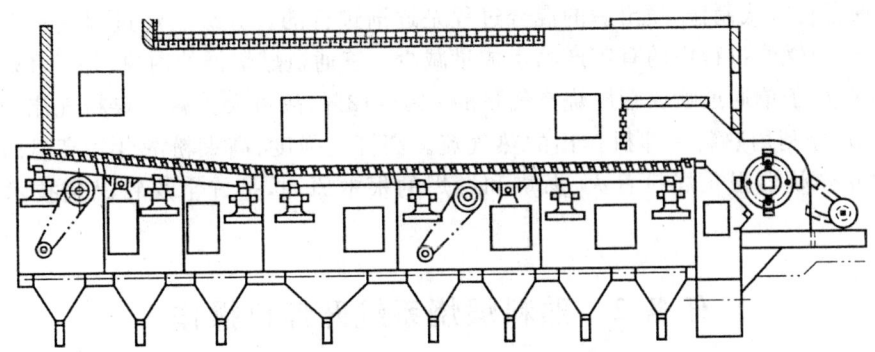

图 4.1.13　大型福勒(Fuller)型复合箅式冷却机的结构简图

一般是偏在回转窑中心线上转方向的一侧布置,偏移值约为窑内径的 10%～15%。

1.4.5　煤粉燃烧器

新型干法水泥厂烧成系统的燃烧器有两类:一类是窑头用燃烧器,也简称为"回转窑燃烧器"。因燃料不同,又有燃煤燃烧器、燃油燃烧器、燃气燃烧器和复合燃料燃烧器(即同时烧多种燃料的燃烧器)等几种。由于风道不同,所以窑头用燃烧器还有风道之分,如四个风道烧煤粉的称为"回转窑四风道煤粉燃烧器"。另一类是窑尾分解炉用燃烧器,称为"窑尾燃烧器"或"分解炉燃烧器"。因风道不同,它又有单、双、三风道燃烧器之分。图 4.1.14 为三风道煤粉燃烧器结构简图。

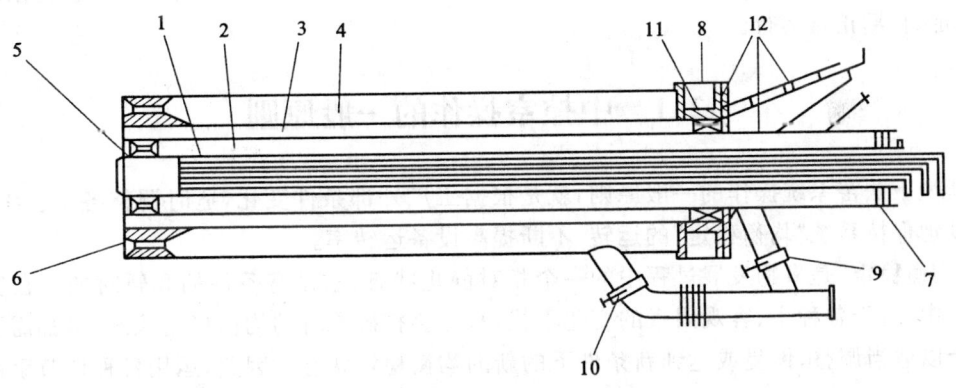

图 4.1.14　三通道煤粉燃烧器结构简图

1—油或气喷管;2—净风套管;3—送煤粉的管;4—喷出呈轴流或稍有扩散的净风套管;5—管口的扩散和旋流装置;6—管口的扩散和轴流装置;7—内净风管进口断面(扩散和旋流)调节器;8—外净风管进口断面(轴流和扩散)调节器;9—内净风管的流量调节装置;10—外净风管的流量调节装置;11—下落煤粉打散器;12—煤粉管道的耐磨衬板

三风道煤粉燃烧器的三风道喷煤管利用直流、旋流组成的射流方式来强化煤粉燃烧过程。其特点是将喷出的空气分为多股(即内风、外风和煤风),各有不同的风速和方向,从而形成多个通道。内风通道的出口端装有旋流叶片,所以又称旋流风。采用旋流可以在中心造成回流,以便卷吸高温烟气。

煤粉采用高压输送,煤粉浓度高,流速较低,且风量较小,着火所需的热量就比较少,所以,有良好的着火性能。外风采用直流风,直流射流早期湍流强度并不是很大,但具有很强的穿透能力,使得煤粉气流着火后的末端湍流强度增加,大大强化了固定炭的燃烧。内风、煤风和外风采用同轴套管方式制作,喷出后的混合过程是逐渐进行的。分级燃烧过程使整个燃烧过程更加合理,也使燃烧过程中的有害产物生成量减少。三通道燃烧器的内风、外风和煤风三者的总风量,只相当于单通道喷煤管燃烧空气量的 8%~12%,故可大大减少煤粉气流着火所需的热能,并可充分利用熟料冷却机排出的热气流。高湍流强度、高煤粉浓度和高温回流区的存在,是三通道燃烧器强化煤粉着火、燃烧和燃烬的根本原因,是旋窑煤粉燃烧技术的进一步发展。

任务 2 熟料煅烧系统开停机操作

任务描述:通过对新型干法窑系统中控操作一般原则,窑系统正常开车、点火升温及投料,正常停车和事故停车等知识的学习,使学生具备中控操作员应有的对窑系统正常开、停车和事故停车操作的能力。

知识目标:掌握新型干法窑系统中控操作一般原则,窑系统正常开车、点火升温及投料,正常停车和事故停车等知识。

能力目标:通过本任务的学习,能够准确表述新型干法窑系统中控操作一般原则,能通过仿真系统完成窑系统开、停车操作。

新型干法窑系统的全部设备在启动前应进行认真的检查、维修、调整工作,这不仅是在试生产阶段,也是在以后的正常生产中应遵循的生产操作规程,以确保每台设备及整套系统的安全、稳定、长期正常运行。

2.1 中控室操作的一般原则

新型干法窑系统操作的一般原则,就是根据工厂外部条件变化,适时调整各工艺参数,最大限度地保持系统"均衡稳定"的运转,不断提高设备运转率。

"均衡稳定"是事物发展过程中的一个相对静止状态,它是有条件的和暂时的。在实际生产过程中,由于各种主、客观因素的变化干扰,难免会打破原有的均衡稳定状态,这都需要操作人员予以适当调整,恢复或达到新条件下的新的均衡稳定状态。因此,运用各种调节手段来保持或恢复生产的均衡稳定,是控制室操作员的主要任务。

就全厂生产而言,应以保证烧成系统均衡稳定生产为中心,调整其他子项系统的操作。就烧成系统本身而言,应以保持优化的合理煅烧制度为主,力求较充分地发挥窑的煅烧能力,根据原料、燃料条件及设备状况适时调整各项参数,在保证熟料质量的前提下,最大限度地提高窑的运转率。

在烧成中控室的具体操作中应坚持"抓两头,保重点,求稳定,创全优"12字诀。所谓"抓两头",就是要重点抓好窑尾预热器、分解炉系统的预烧和窑头熟料烧成两大环节,前后兼顾、协调运转;所谓"保重点",就是要重点保证系统喂煤、喂料设备的安全正常运行,为熟料烧成的"动平衡"创造条件;所谓"求稳定",就是在参数调节过程中,适时适量,小调渐调,以及时的调整克服大的波动,维持热工制度的基本稳定;所谓"创全优",就是要通过一段时间的操作,认真总结,结合现场热工标定等测试工作,总结出适合本厂实际的系统操作参数,即优化参数,使窑的操作最佳化,取得优质、高产、低耗、长期安全稳定及文明生产的全面优良成绩。

合格中控操作员的一般要求是:

① 作为一名合格的中控系统回转窑操作员,首先要学会看火。要看火焰形状、黑火头长短、火焰亮度及是否顺畅有力,要看熟料结粒、带料高度和翻滚情况以及后面来料的多少,要看烧成带窑皮的平整度和窑皮的厚度等。

② 操作预分解窑要坚持前后兼顾,要把预分解系统情况与窑头烧成带情况结合起来考虑,要提高快转率。在操作上,要严防大起大落、顶火逼烧,要严禁跑生料或停窑烧。

③ 监视窑和预分解系统的温度和压力变化、废气中 O_2 和 CO 含量变化和全系统热工制度的变化。要确保燃料的完全燃烧,减少黄心料,并尽量使熟料结粒细小均齐。

④ 严格控制熟料 $f\text{-CaO}$ 含量使其低于 1.5%,并使立升重波动范围在 ±50 g/L 以内。

⑤ 在确保熟料产质量的前提下,保持适当的废气温度,缩小波动范围,降低燃料消耗。

⑥ 确保烧成带窑皮完整坚固,厚薄均匀。操作中要努力保护好窑衬,以延长回转窑安全运转周期。

2.2 操作前的准备工作

① 在所有应该润滑的部位,按规定量、规定品位加足润滑油,并确认不漏油。

② 清除各油路系统中的一切污垢,保证管路畅通。

③ 检查并清除设备内的一切杂物,关闭好检查门、清扫孔等。

④ 拆除膨胀节的保护连杆,检查风管连接及保温情况是否良好,检查管道密封是否严密。

⑤ 检查所有设备状况是否良好,以及防护安全措施是否切实可靠。

⑥ 确认给水、排水、供气等有效无误,能满足设备或系统运行时的操作要求。

⑦ 检查测量元件、控制与调节仪表、联锁与信号装置是否完好,安装是否正确,控制盘上及现场的开关是否灵活。

⑧ 在设备巡视、工作平台楼梯、异常情况紧急处理等场合,均应认真清理并扫除杂物;同时还需检查挡板、栏杆、警告牌等劳保设施是否安置妥当。

⑨ 对检查中可能发现的部件损坏、设备异常、水气供应不畅等情况,必须及时进行修理,并确认完全可以随即投入正常运行。

⑩ 确认防热衣、面罩、检修工具、照明用具等配备齐全,所有的生产辅助材料备量充足,保证可以随时取用。

2.3 确认事项

① 确认与本烧成系统相关的其他生产车间操作前的准备工作一切就绪。

② 确认传动机构、设备旋转运行方向与工艺要求无误。

③ 确认各种阀门、闸板等的操作位置与状态显示正确且一一对应。

④ 设备的单机性能要求按其说明书调试验收,试车后应确认各设备的主要监控参数(如振动、轴承温度等)无异常,设备性能达到铭牌或生产要求。

⑤ 确认所有现场的自控元件和仪表等完好可靠,并能与中控室的显示一一对应,反应灵敏、准确。

⑥ 确认系统每一机组联动、联锁,模拟各种故障停车、报警保护等检验均有效可靠。

⑦ 确认中央控制和机旁控制均可进行正常的开、停车操作,并能快速、有效、灵活地处理异常事故。

⑧ 确认中控室、各车间、各岗位之间的通讯设施完备,联络畅通。

2.4 开车操作

2.4.1 冷窑点火开车顺序

打开点火烟囱帽→吊起 C_4 下料翻板阀→窑头一次风机启动→点火油泵启动→现场点火→窑头喂煤系统启动→油煤混烧→加煤减油→停点火油泵→窑尾高温风机系统启动(调低烟囱帽开度)→高温段风机分别启动→熟料输送库顶水平拉链机系统启动→熟料输送机系统启动→冷却机箅床启动→窑中传动润滑系统启动→窑主传动启动(尾温 800 ℃时)→分解炉喂煤系统启动→喂料系统启动→分解炉喷煤点火(尾温 900~1000 ℃、SC 温度 500 ℃以上时,放下 C_4 下料翻板阀调节三次风总开度至 30%~45%)→关闭点火烟囱帽→窑尾高温风机拉风(C_1 出口负压>-4500 Pa)→投料(尾温 950~1050 ℃,混合室出口温度 870~900 ℃)→窑头排风机启动→低温段风机启动→窑头收尘器启动→正常操作。

2.4.2 热窑组启动顺序

燃料煅烧系统中控热窑启动组主要有高温风机稀油站组、提升机组、窑中稀油站组、窑主机组、熟料输送组、冷却机组,各组开车顺序如下:

高温风机稀油站组包括液力耦合器 $1^\#$ 油泵、液力耦合器 $2^\#$ 油泵、稀油站 $1^\#$ 油泵、稀油站 $2^\#$ 油泵,按上述顺序开启。

提升机组包括收尘风机、旋转喂料机、斜槽风机、提升机、皮带,按上述顺序开启。

窑中稀油站组包括稀油站 $1^\#$ 油泵、稀油站 $2^\#$ 油泵,按上述顺序开启。

窑主机组包括主电机冷却风机及窑主传,按上述顺序开启。

熟料输送组包括水平拉链机、斜拉链机、收尘器回灰拉链机、箅冷机回灰拉链机、破碎机,按上述顺序开启。

冷却机组包括低温段箅床、高温段箅床,按上述顺序开启。

热窑组启动具体流程是:窑中稀油站组→窑头一次风机→油泵→间歇辅传翻窑→窑头喂煤系统→熟料库顶收尘组→熟料输送组→窑头收尘组→冷却机干油泵→冷却机拉链锤破机组→冷却风机一组风机→窑尾收尘回灰及增湿塔回灰系统→启动高温风机稀油站及液力耦合器加油站→窑尾收尘后排风机→连续慢翻窑→启动高温风机→标准仓收尘→提升机组→生料库底流态化风机组→分解炉喂煤空压机组→分解炉喂煤螺旋泵组→用主传连续翻窑→启动分解炉喂煤秤→启动喂料秤→启动冷却机组→窑头、窑尾收尘器→启动冷却机二组风机。

2.5 回转窑点火

2.5.1 回转窑点火前的准备工作

① 工艺、机械、电气专业对各设备分专业检查并确认；
② 通知现场检查预热器系统，确认人孔门、清料孔是否关闭好，投球确认溜管通畅，并将各翻板阀吊起；
③ 确认压缩气、冷却水压力正常；
④ 确认窑头柴油罐油位大于60%；
⑤ 确认DCS系统处于正常状态；
⑥ 确认中控显示的参数及调节系统正常，并与现场一致；
⑦ 确认窑头煤粉仓储存情况，如果煤粉不足，通知煤磨点热风炉，开煤磨；
⑨ 工艺技术员校好燃烧器的坐标及火点位置，根据工艺要求制定升温曲线；
⑩ 通知现场插好油枪检查油路通畅，提前1 h现场开启油泵打油循环；
⑪ 启动高温风机润滑油站及窑主减速机润滑站。

2.5.2 回转窑点火升温

① 关闭预热器冷风挡板，关闭高温风机入口挡板，关闭窑尾系统风机挡板，启动窑尾系统风机，适当打开原料磨旁路挡板及窑尾系统风机挡板，确保窑头微负压。
② 现场换好油枪节流片($\phi 2.0$ mm或$\phi 2.5$ mm)油枪，插好油枪，连接好油枪油管。
③ 全开燃烧器内、外流风挡板，启动窑头一次风机，转速设定为400 rpm。
④ 全开回油阀，现场启动柴油泵(可提前打循环)，待点火前2 min关闭回油阀。
⑤ 现场用火把点火，确认火点着后根据火焰形状来调整喷油量、一次风量及燃烧器内、外流风挡板开度。
⑥ 联系原料系统启动生料入库输送设备，启动增湿塔输送系统。
⑦ 当窑尾温度升至200~300 ℃时，开始加适量煤粉(1 t/h)，实行油煤混烧。注意防止喂煤后燃烧器熄火，通知现场巡检工看火，随时与操作员沟通并调整。
⑧ 当预热器出口温度达到50 ℃时，启动预热器顶事故风机。
⑨ 当窑尾温度升至350 ℃以上，预热器出口温度超过120 ℃时，关闭窑头主排风机挡板，启动窑头主排风机，关闭预热器出口挡板，保持窑尾负压为-40~0 Pa。
⑩ 当预热器出口温度升至300 ℃时，启动窑尾系统风机，尽量控制高温风机出口负压，确保高温风机能拉转。
⑪ 严格控制窑头负压，并确保煤粉能完全燃烧，同时防止预热器出口温度过高，当窑头罩负压低于-200 Pa，逐步启动冷却机一段空气梁风机。
⑫ 当窑尾温度大于800 ℃时，开始连续慢转窑。
⑬ 当窑尾温度达到950 ℃以上时，根据窑内蓄热情况，且其他条件都满足时可进行投料操作。
⑭ 当回转窑喂料两分钟后，启动分解炉喂煤系统，对分解炉进行喂煤操作，喂煤量根据分

解炉中部温度进行调整,中部温度不准超过 870 ℃。

2.5.3 投料运转

烧成系统耐火材料烘干结束后,如确认没有必要熄灭进行内部检查,一般接着进行投料运转。操作时应持稳妥、积极的态度,既要做好充分的准备,又不可过于紧张,以致不敢大胆操作;要力争抓住时机,较快地达到稳定燃烧,挂好窑皮,提高产量。经验表明,对于窑外分解窑,产量过低反而易出工艺故障,产量高时却有利于稳定操作。故应打破陈规,如无设备故障,应力争稳定地突破"操作死区",在初次点火投料后3～5 d内基本上达到正常生产。

2.5.3.1 投料前的进一步准备工作

① 记录烘干后耐火材料的情况。
② 确认检查门、人孔门、清扫门等全部关闭。
③ 确认吹堵的压缩空气管路畅通。
④ 进行系统各部位温度的检查,投料前 1 h 内要拆除各级旋风筒下料翻板阀的固定铁丝,并调整妥当。
⑤ 确信系统所有机电设备、各种计测仪表能够正常连续工作。
⑥ 核实煤粉仓中的煤粉以及均化库中的生料能满足生产初期的储量要求。
⑦ 选择好熟料输送线路并确认链斗输送机能长期正常运行。
⑧ 若烘窑前就计划一次投料运转,最好预先在冷却机篦床上均匀铺设约 200 mm 厚的冷熟料或碎石灰石料层,以确保篦板免受烧损。
⑨ 原料粉磨与废气处理、生料均化与入窑等其他相关车间应做好随时负载运行的准备,并保持通信联络顺畅。
⑩ 准备好各种清理、捅料、检修、安全防护等设施与设备,保证能随时取用。

2.5.3.2 投料操作

(1) 开始喂料

① 增加窑头喂煤量,按照点火升温曲线继续升温。
② 启动冷却机的各台风机、熟料电收尘器引风机以及其他设备。注意风机启动前应关闭相应的调节风门。
③ 调节系统通风量及窑头煤粉燃烧的一、二次风量,监测系统各部位的温度和压力。
④ 控制窑尾温度为 950～1000 ℃,一级旋风筒出口温度为 360～400 ℃时开始投料。
⑤ 开始以总喂料量的 15%～20% 进行喂料。
⑥ 系统投料后,及时将窑的辅助传动改为主传动,并采取低速转窑的方案,防止大量生料涌入烧成带。尽可能保证首批物料的烧成,以避免物料生烧引起扬尘降低了窑内的能见度,给观察窑内状况和进一步加料带来困难。
⑦ 密切观察窑内状况,注意窑尾、一级旋风筒出口的温度和压力,随时调节风、煤、料的匹配。

(2) 加料操作

① 根据窑内及预热器情况,逐渐加快窑速,并相应逐渐加料至设计能力的 59% 左右,煤粉量随喂料量逐渐增加,加煤操作应缓慢、稳定。
② 加料幅度不宜过大,可控制为 ≤20 t/h,且每次加料应在 5 t 左右。

③ 加料过程中,窑尾温度应控制为950~1100 ℃,一级旋风筒出口温度为320~360 ℃。若窑尾温度低于950 ℃时应减缓或停止加料。

④ 根据加料量、加煤量及系统温度、压力的变化,及时调整风量。在此期间,应注意系统各部位的温度、压力变化,不要破坏窑内稳定;同时还要严密注意各级旋风筒下料翻板阀的动作,加强巡回检查,发现堵塞情况要及时果断处理。

⑤ 调整火焰使其活泼有力、明亮完整,不冲刷耐火砖或窑皮,初次投料开始到挂窑皮结束约需48 h。

(3) 冷却机的操作

① 加料、加煤的同时,逐渐加大各室风量,其一般原则是:冷却机加风顺序为先高温段,后低温段;冷却机减风顺序为先低温段,后高温段;在投料初期,可使高温段风机风门相对大些,低温段风机风门相对小些。

② 加料的同时,启动冷却机篦床、破碎机以及熟料输送系统等设备,篦床速度设定为最低。

③ 当窑内熟料开始卸落到篦床时,应调节篦速慢慢运行,也可时开时停,使熟料均匀散开并能保持一定的厚度;根据篦床上熟料的红亮程度、各风室内气体温度及窑的风量要求,分别调节各风室风量,从而尽可能提高二、三次风温,不至于造成风量过大吹穿料层发生牛短路现象。

④ 当窑的产量达到正常指标时,要检查冷却机出口熟料的温度并依此来调节冷却风量;当总的冷却风量超过窑和分解炉燃烧的需要时,应通过篦冷机废气引风机在控制窑头罩负压的基础上将多余废气排出。

⑤ 当冷却机废气温度超过280 ℃时,开始向冷却机内喷水,并根据温度自动调节喷水量,注意雾化水不能接触到冷却机内衬。

(4) 分解炉喷煤

在窑稳定运行2~4 h后,一般可进行分解炉喷煤操作。

① 一般分解炉内的热风温度达到600 ℃以上时就可燃烧烟煤,窑稳定运行2~4 h后,分解炉内的热风温度应在900 ℃以上。

② 启动分解炉供煤系统,使分解炉内煤粉着火,并进一步缓慢提高三次风管热风阀的开度,增加三次风量。

③ 窑喂料量增加到60~80 t/h左右。

④ 逐渐增加窑速,最终稳定在2.5~3.5 r/min之间。

⑤ 加大烧成系统的排风量,最终使一级旋风筒出口负压为4500~5000 Pa、CO含量在0.5%以下、O_2含量为3.5%~5%。

⑥ 调整窑与分解炉的喂煤量,窑与分解炉的用煤比例大约是4:6。

⑦ 根据情况综合判断,及时加料、加煤。

⑧ 加料的同时,增加系统排风量与冷却机各室风量,加大冷却机篦床速度。

⑨ 分解炉喷煤过程中,由于总喂料量大幅度增加,窑内工况变化大,操作时应密切注意系统温度、窑负荷电流及窑尾与分解炉的压力变化,密切观察窑内情况,及时调整各种参数,加料量、喂煤量、排风量调整幅度不宜过大,处理好风、煤、料及窑速的平衡,稳定系统热工制度。

⑩ 系统热工制度稳定后,确认各类计测仪表、机电设备正常工作,即可投入中控回路自控操作。

2.6 熟料煅烧系统停车操作

2.6.1 正常停车顺序

减料、减炉煤、减风、减窑速→止炉煤、止料、慢窑、窑头减煤直至停煤→分解炉喂煤系统停车→喂料系统停车→窑头喂料系统停车→窑主传动停车(尾温降至800 ℃)→窑中传动润滑系统停车→辅助传动间隔转窑→篦冷机低温段冷风机停车→窑头收尘器排风机停车→停窑头收尘器→冷却机一段篦床冷风机停车→熟料输送(28 m链斗输送机、库顶水平拉链机)系统停车→打开点火烟囱帽→窑尾高温风机系统停车。

2.6.2 正常停车操作

系统停车前应事先把停车计划通知到原料粉磨、煤粉制备等车间,使其做好充分的准备,并随时联系,以便相互配合。原则上希望系统停车后,能做到窑空、煤粉仓空、生料库空、运输设备空,但还应当根据生产需要、停窑时间长短及工艺装备所限来决定生料库、煤粉仓是否排空和库仓内生料、煤粉的剩余量。另外,原料粉磨、煤粉制备系统需要关闭热风阀或使热风改向时,一定要与中控操作员联系并征得准许后方可进行有关设备的操作。注意不要没有准备而使烧成系统的气流突然变化,干扰窑的工作状况。

系统停车时,有自动调节回路的设备一般都应切换到手动位置,正常停车的顺序是:炉减煤、窑减煤、减料;先停煤、停料,后停窑。

2.6.2.1 分解炉的停车操作

① 根据热耗与温度,逐步减煤,相应减料。
② 根据 O_2 含量的变化,调节窑尾高温风机转速和阀门开度。
③ 适时停止分解炉喂煤。
④ 同时调整一级旋风筒出口负压与系统排风量,减少冷却机各风室的风量。
⑤ 同时降低入窑喂料量,维持在 SP 窑操作状态。
⑥ 根据分解炉内温度变化及窑内情况,随时调节三次风管热风阀开度至合适状态。
⑦ 适当地降低窑速来保持正常烧结,同时调整窑头喂煤量。

2.6.2.2 回转窑的停车操作

① 逐步减料。
② 缓慢降低窑转速,调整系统排风量和冷却机各室的风量。
③ 当窑尾温度偏高,一级旋风筒出口温度降低时,可以全闭三次风管热风阀。
④ 随时调节窑头喂煤量,既要保证相应的烧结温度,又不应使窑尾温度和一级旋风筒出口温度过高。
⑤ 当一级旋风筒出口温度下降到正常偏下且不再回升时,应立即停料。逐级翻动下料翻板阀,清理各级旋风筒内的积料,必要时用吹堵系统清理。若停料后一级旋风筒出口温度过高,可打开一级旋风筒人孔门或冷风阀。
⑥ 窑开始慢转。当窑内物料基本排空时停煤,减少一次风机风量,保护喷煤管不被灼伤。待喷煤管冷却至一定程度后,拉出窑头罩。切忌一次风量过大,使窑皮骤冷垮落。

⑦ 减风或停止窑尾高温风机。注意此时一定要使窑内温度缓慢下降,保护好窑皮和内衬。一级旋风筒出口温度高于 100 ℃时,应慢转窑尾高温风机,防止叶片变形。

⑧ 停窑操作过程中,窑慢转间隔要求大体如下:0～1 h,连续慢转;1～3 h,每隔 15 min 转 1/4;3～6 h,每隔 30 min 转 1/4;6～12 h,每隔 60 min 转 1/4;12～24 h,每隔 120 min 转 1/4;24 h 以后,根据窑内温度情况而定。

2.6.2.3 冷却机的停车操作

① 根据窑、分解炉、预热器的风量要求,及时调整冷却风机的风门开度。

② 窑缓慢减速,同步降低箅床速度。当窑停止向冷却机卸料后,应停止箅床推动,以保持熟料层。若冷却机检修,则应排净箅床上物料后再停车。

③ 箅床停止运行后,应将箅床上的熟料完全吹冷后方可停冷却风机,以保护箅板。若需排净箅床上物料时,也应在冷却风机运转时进行。

④ 停熟料破碎机。

⑤ 停冷却机的润滑系统。

⑥ 各冷却风机全部停止后,停熟料电收尘器及其引风机。注意引风机停车前,一定要控制住窑头负压,以免热气体从窑头罩冒出,发生伤人事故。

⑦ 待熟料电收尘器回灰及设备内的余料排净后相继停止熟料输送系统。

2.6.2.4 其他

① 待预热器、窑、冷却机停机后,才能停止系统内的其余辅助配套设备,才能停气、停水。

② 关闭各种计测仪表、电气设备。

③ 记录停机时间和停机情况,报告生产调度。

2.6.3 故障停车和重新启动

2.6.3.1 故障停车

系统的故障停车有两类,即机电设备故障和物料淤堵故障。投料试运行阶段,电气控制系统中各类设备的整定保护值的范围有待优化,设备的跳停概率较高,同时设备初次重载运转,难免出现故障,故试运行事故停窑率较高,且各厂情况不相同,故障表现也不尽相同。

(1) 紧急停车操作要领

巡检人员发现有重大危害人身及设备安全的不正常状况时,可利用机旁按钮盒或机旁电流表箱上的停车按钮进行紧急停车。控制室操作员要进行紧急停车时,可通过计算机键盘操作"紧停"按钮,则该联锁组内设备全部一起关机。

(2) 故障的判断和处理

在投料运行中出现故障停车时,首先要止料,停分解炉喂煤。然后再根据故障种类及处理故障所需时间及对生产工艺、设备安全影响的大小,完成后续操作。

当有报警信号时,可按键盘上的专程解除钮,解除声响信号。故障的判断可参考电气控制报警系统。

(3) 故障停车后的处理方法

凡影响回转窑运转的事故,如窑头及窑尾袋(电)收尘排风机、高温风机、窑主电机、箅冷机、熟料输送设备等都必须立即停机,并止煤、停料、停风,开启点火烟囱,窑低速连续转或辅传转窑。但此时送煤风、一次风不能停,一室、二室各风机鼓风量应减小。如果突然断电,则应接通窑保安电源,对关键性设备采取保护措施,使辅传转窑,箅冷机一室、二室鼓风机连续吹风,一次风不停等,并注意操作人员的人身安全。

故障停车时要尽量减少对两个废气余热利用系统的影响,及时调整原料和煤磨,并通过增湿塔及时调节喷水量,以减少对下一步生产的影响。分解炉喂煤系统发生故障时,可按正常停车操作,或维持低负荷生产(投料量低于 100 t/h,适当减少系统排风量),并应注意防止各级旋风筒堵塞。

故障停车后应尽快判断事故原因及停车检修,如短期停车应注意窑内保温,即减小系统拉风、窑头小煤量,控制尾温不超过 800 ℃,并低速连续转窑,注意高温风机入口温度不超过 350 ℃。如发生预热器堵塞,首先应正确判断堵塞位置,应立即停料、停煤、慢转窑、窑头小火保温或停煤,并抓紧时间捅堵,此时应注意人身安全。

窑喂煤系统停车后,无法烧出合格的熟料时,应及时止料,慢转窑,停止分解炉喂煤,减少拉风,防止 C_1 筒出口温度过高,并注意转窑及系统保温。如发现断料应及时停止分解炉喂煤,慢窑操作迅速查明原因并处理故障后,及时恢复喂料。慢窑操作时应减少拉风,防止 C_1 出口超温,如短期不能恢复喂料,可考虑停窑。

操作中应注意保护好窑皮,观察窑筒体表面温度变化,发现局部蚀薄时应采取补挂措施。一旦发现红窑或有掉砖现象(包括窑和预热器的高温部位),应查明具体部位及严重程度,决定是否紧急停窑或将窑内物料适当转出后停窑。特别是筒体掉砖红窑,不允许拖长运转时间,以免烧坏窑筒体。

(4) 临时性停窑操作注意事项

① 视导致停窑的原因制定相应的保温措施,确保故障排除后,能迅速投料生产。

② 停窑后对预热器系统特别是 C_5 筒要进行仔细检查,以利于下次正常投料。

③ 严格执行停窑操作程序,确保窑系统设备及人身安全。

④ 根据停窑具体时间,利用停窑间隙组织人员检修窑系统隐患。

2.6.3.2 重新启动

在重新启动窑时不得将还未燃尽的煤粉及其带有的未燃烧气体积存在窑内和预热器的管道内,以免引起爆燃。为此应当遵循下列操作原则:

① 短时停窑后重新给窑升温时,应确保窑温达到煤粉燃烧的要求,才能喷入煤粉,必要时也可用燃油辅助加热。

② 风量不足时,不能喷入煤粉。

③ 若窑的温度较低或在调整火焰时,喷煤量不能突然增加。

④ 若需要调节一次风和二次风时,要缓慢地进行,切忌猛增猛减。

⑤ 分解炉的喷煤应视故障停车时间的长短和重新启动时系统的工况条件酌情而定。

⑥ 若故障停车时进行窑慢转而造成冷却机一段箅床上堆积物料过多,重新启动时要进行箅板的检查,并在启动初期尽快送走堆积熟料。

⑦ 故障停车较长时间后的冷窑重新启动,重新点火、升温、投料可参考前述有关介绍并酌情调整。

任务3 熟料煅烧系统正常运行操作

任务描述：掌握从预热器、分解炉、回转窑到冷却机的整个预分解窑系统中的温度、压力、电流和气体含量等的变化规律，掌握窑系统参数的变化范围。

知识目标：掌握预分解窑系统调节控制参数，窑系统风、煤、料和窑速匹配操作，以及正常操作下过程变量的控制和要求。

能力目标：能够准确描述预分解窑系统的主要参数和控制指标，通过仿真系统能够实现窑系统风、煤、料和窑速相匹配操作，实现窑系统的稳定运行。

回转窑正常、稳定操作的原则是三固、四稳、六兼顾。

"三固"即固定窑速、固定喂料量、固定篦床熟料厚度。

"四稳"即稳定 C_5 出口气体温度、稳定预热器排风机排风量、稳定烧成带温度（窑喂煤）、稳定窑头负压。

"六兼顾"即兼顾窑尾 O_2 及气流温度、兼顾 C_1 出口温度和压力、兼顾炉温度和压力、兼顾筒体表面温度和压力、兼顾冷却机废气量、兼顾废气处理及收尘系统。

3.1 预分解窑系统调节控制参数

新型干法窑在煅烧过程中需要控制的参数很多，参数间的因果关联也比较紧密。这些参数包括检测参数和调节参数。一般煅烧系统进行检测、控制的参数为60～65个。

以检测参数为例，在实际生产过程中，各厂产品的检测项目和测点设置不尽相同，表4.3.1列出了2500 t/d 及3000 t/d 预分解窑的主要参数、控制范围及其作用。

表 4.3.1 正常情况下检测参数控制范围

检测参数项目	参数控制范围		作 用
	2500 t/d	3000 t/d	
窑尾温度	(1000±50)℃	(1100±50)℃	控制窑内煅烧状况，烧成温度升降时，主传电流也随之升降
窑主传电流	350～450 A	350～480 A	
窑尾负压	-3000～-1000 Pa	-300～-100 Pa	控制系统拉风量的适宜度。拉风量增减，系统温度分布、负压分布随之变化
窑头负压	-50～-20 Pa	-50～-20 Pa	
预热器 C_1 出口温度	330～350 ℃	325～335 ℃	
预热器出口负压	-6500～-6000 Pa	-6900～-6200 Pa	
高温风机入口温度	300～350 ℃	300～350 ℃	
高温风机电流	80～84 A	82～87 A	
C_5 出口负压	-2100～-1950 Pa	-2200～-2000 Pa	

续表 4.3.1

检测参数项目	参数控制范围 2500 t/d	参数控制范围 3000 t/d	作用
C_5 下料温度	860~880 ℃	840~870 ℃	控制分解炉内煤粉燃烧和碳酸钙分解反应的平衡程度,也就是控制喂料量、三次风量、喂煤量的平衡
分解炉出口温度	870~900 ℃	850~870 ℃	
分解炉出口负压	-1200~-1000 Pa	-1400~-1200 Pa	
三次风温	>850 ℃	>850 ℃	
C_3 锥部负压	-3800~-3600 Pa	-3900~-3700 Pa	控制预热器工作状态,使料、气运动流畅
C_2 锥部负压	-4200~-4000 Pa	-4400~-4200 Pa	
箅冷机一室压力	5100~5350 Pa	5200~5450 Pa	指示料层厚度及二次风量指标,影响窑头负压值
箅冷机二室压力	4700~5000 Pa	4800~5200 Pa	
箅冷机四室压力	2900~3100 Pa	3000~3200 Pa	
箅冷机五室、六室压力	2600~2800 Pa	2700~3000 Pa	
箅冷机一室、二室箅板温度	28~38 ℃	32~45 ℃	
增湿塔温度	320~350 ℃	300~350 ℃	
窑头入收尘器的温度	250~350 ℃	250~450 ℃	收尘器安全温度指标
窑尾入收尘器的温度	150~180 ℃	150~180 ℃	
窑筒体温度	<350 ℃	<350 ℃	指示窑皮厚薄和烧成带位置,煤粉仓安全温度指标
煤粉仓温度	<60 ℃	<60 ℃	

预分解窑系统检测参数反映了其运行状态。上述所有温度、压力参数,O_2 含量的控制与调整是通过调节以下参数来实现的,即当操作者稳定或调整喂料量、风机转速、各风门开度、喂煤量(窑头、窑尾)、窑速、箅冷机箅板推动速度及燃烧器位置时,上述所有温度、压力参数及 O_2 含量将间接控制在目标范围内。总的说来,系统的温度以烧成带为最高,火焰温度可达 1700 ℃甚至 1800 ℃,往窑尾、预分解系统、废气处理系统呈逐渐递减;系统内负压值以窑头为最小,窑头为微负压(-20~-60Pa),往窑尾、预分解系统、废气处理系统呈逐渐递增。任何调节参数的调整都将系统地、全面地影响整个煅烧系统的参数及分布,操作者既要有局部调整的能力,更要有全局平衡的观念。以 1000 t/d 水泥熟料烧成系统为例,其主要的调节参数及其作用见表 4.3.2。

另外,入窑生料及煤粉的化学成分的变化会引起温度、压力、电机功率的一系列变化,它们不由窑操作员控制。当生料和煤粉成分波动不符合要求时,应及时向有关工段提出改进意见。

表 4.3.2　1000 t/d 水泥熟料烧成系统主要的调节参数及其作用

序号	项　目	参　数	作　用
1	投料量（t/h）	70~75	正常情况下喂料量增减时,窑速和喂煤量相应增减,以维持风、煤、料平衡
2	窑速（r/min）	3.0±0.2	
3	窑头喂煤量（t/h）	2.2±0.3	
4	窑尾喂煤量（t/h）	3.3±0.3	
5	高温风机转速（r/min）	950~1020	窑系统负压主要靠高温风机提供
6	高温风机入口阀门开度（%）	80~90	
7	箅冷机箅速（次/min）	4~8	控制料层厚度,同时控制二次风的温度
8	窑头一次风机转速（r/min）	830~870	控制火焰形状、长度及火焰高温带的位置
9	喷煤管内、外风阀门开度（%）	50~80	
10	喷煤管位置（cm）	0~70	
11	三次风阀门开度（%）	40~60	控制系统空气（O_2）总量及系统负压分布
12	窑头排风机入口阀门开度（%）	50~85	
13	窑尾排风机入口阀门开度（%）	70~85	
14	箅冷机冷却风机入口阀门开度（%）	70~90	
15	高温风机入口冷风阀门开度（%）	0~80	控制废气处理设备进口温度,保护风机、增湿塔、收尘器等
16	窑头收尘器入口冷风阀门开度（%）	0~80	
17	窑尾收尘器入口冷风阀门开度（%）	0~80	

3.2　预分解窑风、煤、料和窑速的合理控制

操作好预分解窑,风、煤、料和窑速的合理匹配是至关重要的。喂多少料,需要烧多少煤,决定了系统的排风量。根据窑内物料的煅烧状况,窑速该打多快,窑操作员必须随时做到心中有数。

3.2.1　窑和分解炉风量的合理分配

窑和分解炉用风量的分配是通过窑尾缩口和三次风管阀门开度来实现的。正常生产情况下,一般控制 O_2 含量在窑尾处为 1% 左右,在炉出口处为 3% 左右。如果窑尾 O_2 含量偏高,说明窑内通风量偏大。其现象是窑头、窑尾负压比较大,窑内火焰较长,窑尾温度较高,分解炉用煤量增加时炉温上不去,而且还有所下降。出现这种情况,在喂料量不变的情况下,应关小窑尾缩口闸板开度(当三次风管阀门开度较小时也可开大三次风阀门,以增加分解炉燃烧空气量,这样也有利于降低系统阻力)。与此同时,相应增加分解炉用煤量,以利于提高入窑生料 $CaCO_3$ 的分解率。如果窑尾 O_2 含量偏低,窑头负压小,窑头加煤温度上不去,说明窑内用风量小,炉内用风量大。这时应适当关小三次风管阀门开度,需要时还应增加窑用煤量,减小分解炉用煤量。

3.2.2 窑和分解炉用煤分配比例

分解炉的用煤量主要是根据入窑生料分解率、C_5 和 C_1 出口气体温度来进行调节的。如果风量分配合理,但分解炉温度低,入窑生料分解率低,C_5 和 C_1 出口气体温度低,说明分解炉用煤量过少。如果分解炉用煤量过多,则预分解系统温度偏高,热耗增加,甚至造成分解炉内煤粉燃烬率低,煤粉到 C_5 内继续燃烧,致使在预分解系统内产生结皮或堵塞。

窑用煤量的大小主要是根据生料喂料量、入窑生料 $CaCO_3$ 分解率、熟料升重和 $f\text{-}CaO$ 含量来确定的。用煤量偏少,烧成带温度会偏低,生料烧不熟,熟料升重低,$f\text{-}CaO$ 含量高;用煤量过多,窑尾废气带入分解炉的热量过高,势必减少分解炉用煤量,致使入窑生料分解率降低,分解炉不能发挥应有的作用,同时窑的热负荷高,耐火砖寿命短,窑运转率就低,从而降低回转窑的生产能力。

窑/炉用煤比例取决于窑的转速、窑长径比 L/D 及燃料的特性等,一般情况下应控制在 (40%～45%):(60%～55%) 比较理想。生产规模扩大,分解炉用煤量也应按高比例控制。

3.2.3 窑速和窑喂料量成正比关系

回转窑的窑速随喂料量的增加而逐渐加快。当系统正常运行时,窑速一般应控制在 3.0 r/min 上。不过近年来窑速又有提高的趋势,最高已达 4.0 r/min,这是预分解窑的重要特性之一。窑速快,则窑内料层薄,生料与热气体之间的热交换好,物料受热均匀,进入烧成带的物料预烧好。如果遇到垮圈、掉窑皮或小股塌料,窑内热工制度稍有变化,此时增加一点喂煤量,系统很快就能恢复正常。如果窑速太慢,则窑内物料层厚,物料与热气体热交换差,预烧不好,生料黑影就会逼近窑头,窑内热工制度稍有变化,极易跑生料。这时即使增加喂煤量,由于窑内料层厚,烧成带温度回升也很缓慢,容易出现短火焰逼烧,产生黄心料,熟料 $f\text{-}CaO$ 含量也高。同时大量未燃烬的煤粉落入料层造成不完全燃烧,还容易出现大蛋或结圈。

3.2.4 风、煤、料和窑速合理匹配是烧成系统操作的关键

窑和分解炉用煤量取决于生料喂料量。系统风量取决于用煤量。窑速与喂料量同步,更取决于窑内物料的煅烧状况。所以风、煤、料和窑速既相互关联,又互相制约。对于一定的喂料量,煤少了,物料预烧不好,烧成带温度提不起来,容易跑生料;煤多了,系统温度太高,物料易被过烧,窑内容易产生结圈、结蛋,预热器系统容易形成结皮和堵塞;风少了,煤粉燃烧不完全,系统温度低,在这种情况下再多加煤,温度还是提不起来,而且 CO 含量会增加,并在还原气氛下使 Fe_2O_3 变成 FeO,产生黄心熟料。在风、煤、料一定的情况下,窑速太快,生料黑影就会逼近窑头,易跑生料;窑速太慢,则窑内料层厚,生料预烧不好,容易产生短火急烧形成黄心熟料,熟料 $f\text{-}CaO$ 含量高。由此可见,风、煤、料和窑速的合理匹配是稳定烧成系统的热工制度、提高窑的快转率和系统的运转率,使窑产量高、熟料质量好及煤粉消耗少的关键所在。

3.3 正常操作下过程变量的控制

所谓正常操作,是指窑系统经点火升温、投料挂窑皮阶段后已达正常投料量起,到出现较大故障而必须转入停窑操作这一时期。正常操作的主要任务就是通过风、煤、料及窑速等操作

变量的调节,保持稳定、合理的热工制度,使重点过程变量基本稳定。

3.3.1 窑主传动负荷

正常喂料量下,窑主传动负荷是衡量窑运行正常与否的主要参数。正常的窑功率曲线应粗细均匀,无尖峰、毛刺,随窑速度变化而改变。在稳定的煅烧条件下,如投料量和窑速未变而窑负荷曲线变细、变粗,出现尖峰或下滑,均表明窑工况有变化,需调整喂煤量或系统风量。如曲线持续下滑,则需高度监视窑内来料,必要时需减料减窑速,防止跑生料。

由于烧成温度较高的熟料被窑壁带动得较高,因而其主传动负荷也较大,故以此结合比色高温计温度、废气中 NO_x 浓度等参数,可以对烧成带物料煅烧情况进行综合判断。但是,由于窑内掉窑皮以及喂料量的变化等原因,也会影响窑功率的测量值。因此,当窑主传动负荷与比色高温计测量值、NO_x 浓度发生矛盾时,必须充分考虑掉窑皮、物料变化的影响,综合权衡,做出正确的判断。

3.3.2 入窑物料温度及最末级旋风筒出口温度

正常操作中,入窑物料温度一般为 820~850 ℃,出最末级旋风筒的温度为 850 ℃±5 ℃。这两个过程变量反映了入窑物料分解率的高低及分解炉内煤粉燃烧和 $CaCO_3$ 分解反应的平衡程度,通常用分解炉出口或最末一级旋风筒出口温度自动调节窑尾喂煤量来实现预热器分解炉系统的稳定。

3.3.3 出预热器一级旋风筒温度和高温风机出口 O_2 含量

正常操作中,出预热器一级旋风筒的系统温度应为 320~350 ℃(五级预热器)或 350~380 ℃(四级预热器),高温风机出口 O_2 含量一般为 4%~5%。这两个参数直接反映了系统的拉风量的适宜程度。两者偏高或偏低预示系统拉风偏大或偏小,需调整高温风机阀门开度或转速。

一级旋风筒气体超温时,表示生料喂料减少或断料(如某级旋风筒或管道堵塞),燃料量与风量超过了喂料量的需要;当温度过低时,则表示存在系统漏风、喂料量过大而燃煤、风量太小等情况,应结合其他旋风筒温度状况酌情处理。

3.3.4 入炉三次风温与冷却机一室篦下压力

正常条件下入分解炉三次风温一般在 700 ℃以上,窑规模越大,入炉三次风温越高。篦冷机一室压力一般为 4.2~4.5 kPa(对福勒型厚料层冷却机而言),一般通过调整篦床速度来稳定冷却机料层厚度,提高入窑二次风温和入炉三次风温。

篦冷机一室下压力不仅指示篦冷机一室篦床阻力和料层厚度,亦指示窑内烧成带的温度变化。当烧成带温度下降时,熟料结粒减小,致使篦冷机一室料层阻力增大,在一室篦床速度不变时,一室篦床下压力必然增高。正常生产时若篦床速度增加,则料层厚度相应减薄,篦床下压力值下降;若篦床速度减小,则料层厚度相应增厚,篦床下压力上升。料层的厚薄还影响到料、气热交换的效果,即二次、三次风的温度。生产中,常以一室压力与篦床速度构成自动调节回路,当一室压力增高时,篦床速度自动加快,以改善熟料冷却状况。

3.3.5 窑头罩负压

正常条件下窑头呈微负压,一般为 $-25\ Pa \pm 15\ Pa$。它表征冷却机鼓风量、入窑二次风、篦冷机剩余空气抽取量之间的平衡。决不允许窑头形成正压,否则窑内细粒熟料飞出,会使窑头密封圈磨损,也会影响环境卫生及人身安全,对安装在窑头的比色高温计及电视摄像头等仪表的正常工作及安全也很不利。如其增大或减小,则需调整窑头收尘风机阀门开度;如其波动增大,曲线变宽,则需综合窑功率及窑头喂煤情况加以调整。在正常生产情况下,增加预热器主排风机排风量,开大窑头剩余空气电收尘风机风门,或关小篦冷机篦下鼓风量,都可以使窑头负压值增加,反之可使之减小。而在预热器主排风机排风量及其他情况不变时,增大篦冷机冷却风机鼓风量,或者关小窑头电收尘风机风门,都会导致窑头负压值减小,甚至出现正压。

3.3.6 烧成带物料温度

烧成带物料温度常作为监控熟料烧成情况的标志之一,通常用比色高温计进行测量。由于测量上的困难,往往只能测出烧成物料的温度,而正常煅烧时火焰的温度为 $1540\sim1800\ ℃$,这个温度常用来表征窑内通风量和用煤量的情况。

3.3.7 窑尾气体温度

它同烧成带温度一起表征窑内各烧成带的热力分布状况,同最上一级旋风筒出口气体温度(或连同分解炉出口气体温度)一起表征预热器(或含分解炉)系统的热力分布状况。同时,适当的窑尾温度对于窑系统物料的均匀加热及防止窑尾烟室、上升烟道及旋风筒因超温而发生结皮堵塞也十分重要。一般可根据需要控制窑层气体温度为 $900\sim1100\ ℃$。

3.3.8 窑尾袋(电)收尘器入口气体温度

该温度对袋(电)收尘器设备安全及防止废气中水蒸气冷凝结露非常重要,因此必须控制在规定的范围内($80\sim150\ ℃$)。一般在袋(电)收尘器上装有自动控制装置,当入口气温波动时自动增减增湿塔的喷水量,以稳定温度。另外,当入口温度达到最高允许值时,电收尘器高压电源将自动跳闸。在生料磨系统利用预热器废气作为烘干介质,窑、磨联合操作的情况下,收尘器入口气温较低,上限为 $120\ ℃$。袋(电)收尘器入口气温有较大变化时,如果预热器系统工作正常,则需要检查生料磨系统及增湿塔出口气温状况。

3.3.9 窑筒体温度

窑筒体温度宜小于 $350\ ℃$。窑筒体温度表征了窑内窑皮及窑衬的情况,据此可监测窑皮粘挂、脱落,窑衬侵蚀、掉砖及窑内结圈的状况,以便及时粘补窑皮,延长窑衬使用周期,避免红窑事故的发生,提高运转率。

3.3.10 最上一级及最下一级旋风筒出口负压

预热器各部位负压的测量,是为了监视各部阻力,以判断生料喂料量是否正常、风机闸门是否开启、防爆风门是否关闭以及各部有无漏风或者堵塞情况。由于设计的风速不同,不同生产线的负压值相差很大,但其分布都有相通的规律。当最上一级旋风筒负压值升高时,首先要检查旋风筒是否堵塞,如正常,则结合气体分析结果确定排风量是否过大;当负压值降低时,则应检查喂料是否正常、防爆风门是否关闭、各级旋风筒是否漏风,如果正常,则结合气体分析结果确定排风量是否足够。

当发生结皮堵塞时,其结皮堵塞部位与主排风机间的负压值和 O_2 含量有所提高,而窑与结皮堵塞部位间的气流温度升高,结皮堵塞的旋风筒下部及下料口处的负压值均有所下降,甚至出现正压,此时应立即作停止喂料处理。

由于各级旋风筒之间的负压互相联系、自然平衡,故一般只要重点监测预热器最上一级和最下一级旋风筒的出口负压即可了解预热器系统的情况。

3.3.11 窑速及生料喂料量

在各种类型的水泥窑系统中,一般都装有与窑速同步的定量喂料装置,以保证窑内料层厚度的稳定。在预分解窑系统中,对生料喂料量与窑速的同步调节有两种不同的主张:一种主张认为同步喂料十分必要;另一种主张则认为由于现代化技术装备的采用,基本上能够保证窑系统的稳定运转,因此在窑速稍有变动时,为了不影响预热器和分解炉的正常运行和防止调节控制时的一系列变动,生料喂料量可不必随窑速的小范围变化而变动,而在窑速变化较大时,喂料量可以根据需要人工调节,故不必安装同步调速装置。

3.3.12 窑尾、分解炉出口或预热器出口气体成分

通过设置在各相应部位的气体成分自动分析装置检测各部位气体成分,可以用它们表征窑内、分解炉或整个系统的燃料燃烧及通风情况。对窑系统燃料燃烧的要求是:既不能使燃料在空气不足的情况下燃烧而产生 CO,又不能有过多的过剩空气而增大热耗。一般窑尾烟气中的 O_2 含量应控制在 1.0%～1.5%,分解炉出口烟气中的 O_2 含量应控制在 3.0% 以下。

窑系统的通风状况,是通过预热器主排风机及安装在分解炉入口的三次风管上的调节风门闸板进行平衡和调节的。当预热器主排风机转速及入口风门不变(即总排风量不变)时,关小分解炉三次风管上的风门闸板,即相应地减少了三次风风量,增大了窑内的通风量;反之,则增大了分解炉的三次风风量,减少了窑内通风量。如果三次风管上的风门闸板开启程度不变,而增大或减少预热器的主排风机的通风量,则窑内及分解炉内的通风量都相应地增加或减少。可见,预热器主排风机主要是控制全系统的通风情况,而分解炉入口的三次风管上的风门主要是调节窑与分解炉两者的通风比例。以上调节都是根据各相应部位的废气成分的分析结果来进行的。

当窑系统安装有电收尘器时,对分解炉或最上一级出口(或电收尘器入口)气体中的可燃气体($CO+H_2$)含量必须严加限制。因为可燃气体含量过高,不仅表明窑系统燃料燃烧不完全,使热耗增大,更主要的是容易在电收尘器内引起燃烧和爆炸。因此,当预热器出口或电收尘器入口气体中 $CO+H_2$ 含量超过 0.2% 时,则发生报警;达到允许极限 0.6% 时,电收尘器高压电源自动跳闸,以防止爆炸事故发生,确保生产安全。

3.3.13 氧化氮(NO_x)浓度

回转窑中 NO_x 的生成与 N_2、O_2 浓度和燃烧温度有关。由于 N_2 在窑内几乎不存在消耗,故 NO_x 浓度仅与 O_2 浓度和烧成温度有关。研究表明,当火焰温度达到 1200 ℃以上时,空气

中 N_2 与 O_2 的反应速度明显加快,燃烧温度及 O_2 浓度越高,空气消耗系数越大,NO_x 生成量越多。此外,NO_x 的生成还和 N_2 与 O_2 的混合方式、混合速度有关。

窑系统中对 NO_x 的测量,一方面是为了控制其含量,满足环保要求;另一方面,在窑系统生产及空气消耗系数大致固定的情况下,窑尾废气中 NO_x 的浓度同烧成带火焰温度有密切的关系,烧成带温度高,NO_x 浓度增加。故以 NO_x 浓度作为烧成带温度变化的一种控制标志,时间滞后较小,很有参考价值。因此,可将它同其他参数一起,用来综合判断烧成带的情况。

实际上,在窑正常操作条件下,诸参数均已基本稳定在一定范围内,操作人员要多看参数记录曲线,看其发展趋势和波动范围,只有这样才能提前发现故障及隐患。一般条件下应优先考虑调整喂煤量和用风量,每次调整量为 1%～2%,以保持热工制度的动平衡。

具体如何调控各项操作变量,因各厂设备、工艺及其他条件不同,不可一概而论。

任务4 熟料煅烧系统常见故障处理

任务描述:根据熟料煅烧系统出现的故障进行分析判断,正确处理熟料煅烧操作系统温度异常、压力异常、气体成分异常、电流异常、设备跳停、异常窑况等常见故障。

知识目标:熟悉熟料煅烧系统参数异常和窑况异常的现象,掌握故障处理的知识。

能力目标:能对仿真系统模拟的熟料煅烧系统故障进行准确的判断,并采取正确的方法处理故障。

4.1 温度异常处理

窑系统的温度直接影响到熟料的质量、窑系统的热耗和窑系统的长期安全运转。掌握好温度的变化,稳定热工制度,是煅烧操作的根本任务。准确判断窑系统温度异常状况对系统调整至关重要。温度过高或过低均反映出生产不正常,对质量、热耗及安全不利。

4.1.1 烧成温度低,窑尾温度高

现象:
① 火焰较长,黑火头长;
② 窑皮与物料温度都低于正常温度,窑尾温度高于正常温度;
③ 烧成带物料被带起的高度低,二次风温低;
④ 熟料结粒小,结构疏松,立升重低,$f\text{-}CaO$ 含量高。

原因分析:
① 系统风量过大或窑内风量过大;
② 煤粉质量差、水分大、细度粗,煤粉燃烧速度慢,易产生后燃;
③ 多风道燃烧器使用不当,各风道之间的风量调节不合理,火焰不集中;
④ 二次风温过低。

处理方法:
① 适当降低系统风量或加大三次风阀开度;
② 严格控制煤粉质量,调整煤磨操作参数;

③ 合理调整火焰长度,使火焰活泼有力,使风煤混合均匀,燃烧充分;
④ 合理调整箅床速度及合理配置各室的风量。

4.1.2 烧成温度高,窑尾温度低

现象:
① 煤粉喷出后立即燃烧,几乎没有黑火头,火焰短;
② 火焰、窑皮及物料温度均高,整个烧成带白亮耀眼,窑电流偏低,窑尾温度低;
③ 熟料结粒粗大,物料被窑带起的高度高,熟料立升重高,$f\text{-}CaO$ 含量也高。

原因分析:
① 燃烧器爆发力过强,火焰白亮且短;
② 煤粉质量好、灰分小、细度细、水分小;
③ 系统风量过小或三次风与窑内风量匹配不合理,造成窑内通风过小;
④ 窑内有结圈或长厚窑皮影响窑内通风,使火焰短,窑尾温度下降。

处理方法:
① 适当调节内风与外风的比例,减小内风增大外风,确保火焰形状合理;
② 使煤粉的控制指标在合理的范围内;
③ 增大系统风量,减小三次风阀开度,增大窑内的通风量;
④ 对于结圈,可采用冷热交替法煅烧使结圈脱落,并适当减小喂料量;对于长厚窑皮,可采用大幅度移动喷煤管位置,来控制长厚窑皮,并根据严重程度适当减小喂料量,严重时可停料,采用冷热交替法煅烧。

4.1.3 烧成温度低,窑尾温度低

现象:
① 窑皮和物料温度都比正常低,窑内为暗红色,窑尾废气温度也低,窑体温度低,窑电流低;
② 熟料颗粒细小而发散,在窑内被带起的高度低并顺着耐火砖表面滑落;
③ 熟料的表面疏松无光泽,立升重低,$f\text{-}CaO$ 含量高,产质量降低。

原因分析:
① 喂料不均匀,喂料量突然增加,或掉大量窑皮,造成物料预烧差,烧成带热负荷增大;
② 系统漏风严重,排风量不足;
③ 长时间给煤量少,煤粉的灰分大、细度粗;
④ 生料成分发生变化,饱和比和硅率过高,物料煅烧困难。

处理方法:
① 加大喂煤量;
② 加大内风,适当加大外风;
③ 等到两端温度正常后,恢复正常操作。

4.1.4 烧成温度高,窑尾温度高

现象:

① 烧成带物料发黏,物料被窑壁带起很高,物料翻滚不灵活,有时出现饼状物料;
② 窑电流高;
③ 窑体温度高,窑尾废气温度高,烧成带温度也高。

原因分析:
① 喂煤量大,煤质好;
② 生料饱和比和硅率偏低,液相量过高,不耐火;
③ 物料预烧好。

处理方法:
① 减少窑头喂煤量;
② 减少内风,适当加大外风;
③ 控制火焰温度,调整烧成带温度和窑尾温度。

4.1.5 窑尾温度过高

现象:窑尾温度过高,同时伴随有
① 分解炉出口气体温度不升高;
② 分解炉出口气体温度升高;
③ 当分解炉自控时加不进正常煤量;
④ 出分解炉(或 C_5 出口)气体温度高;
⑤ 窑尾负压增大,窑尾烟室 O_2 含量增高;
⑥ 窑内黑火头等,烧成带温度低;
⑦ 预分解系统温度和压力基本正常,窑头用煤量也不少,但入窑生料 $CaCO_3$ 分解率偏低,窑产量上不去;
⑧ 温度单向性变化。

原因分析:
① C_5 级旋风筒堵塞;
② $C_1 \sim C_4$ 级某级旋风筒堵塞;
③ 窑头喂煤量过多;
④ 分解炉用煤量过多;
⑤ 窑内拉风过大,火焰太长,高温带后移;
⑥ 煤质(挥发分、固定碳含量)变化或煤粉太粗,燃烧速度减慢;
⑦ 分解用煤量少;
⑧ 热电偶失灵。

处理方法:
① 停止向预热器喂料,停止窑炉喂煤;
② 窑头应减少喂煤量;
③ 适当减少分解炉喂煤量;
④ 增大三次风阀开度,减少窑内用风量;
⑤ 适当减少窑内用风量及一次风用量,使高温带后退;
⑥ 适当开大三次风管阀门开度,缓慢加大分解炉用煤比例;

⑦ 更换热电偶。

4.1.6 窑尾温度降低

现象：窑尾温度降低，同时伴随有
① 窑头返火（严重正压）；
② 窑尾负压增大；
③ 窑尾负压减小或为零；
④ 窑尾负压明显下降；
⑤ 窑头黑火头短，前温高；
⑥ C_5 出口温度及 C_5 下料温度降低。

原因分析：
① 预热器塌料；
② 窑内后结圈；
③ 窑尾缩口（烟室与炉之间）结皮严重；
④ 预热器系统有严重漏风（系统风量）；
⑤ 煤的挥发分高；
⑥ 分解炉用煤量少（物料分解率降低）；
⑦ 热电偶上结皮。

处理方法：
① 小股塌料可不动；大塌料时，应减少生料喂料量，降低窑速，增加窑喂煤量；
② 减少一次风，喷煤管大变动；调整内、外风比例，改变火焰长度，前后移动喷煤管位置，同时，排风配合变化；
③ 及时、定时清理缩口处结皮（采用空气炮、水枪、钢钎等），控制上升烟道处温度；
④ 检查并处理漏风；
⑤ 适当增大窑内排风（使高温带拉长），增大燃烧器的外风并减少内风；
⑥ 增加分解炉喂煤量（提高分解率）；
⑦ 上述调整均无效时，检查并更换热电偶。

4.1.7 C_1 旋风筒出口温度上升

现象：C_1 旋风筒出口温度上升，同时伴随有
① 断料（自动记录上反映）或正在停料，各级旋风筒温度均在上升，并超出控制值；
② C_4、C_5 预热器内有火花；
③ 各级旋风筒出口温度均相应上升；
④ 温度单向性变化。

原因分析：
① 断料或料少；
② 煤粉燃烧不好；
③ 喂煤量偏大；
④ 热电偶损坏。

处理方法：
① 检查断料原因，尽快恢复正常供料；加大喂料量，适当打开点火烟囱掺入冷风；
② 适当开大三次风阀门，若因煤粉质量不好（太粗、挥发分低）的需提高煤粉细度；
③ 适当减少分解炉喂煤量；
④ 更换热电偶。

4.1.8 分解炉出口温度过高

现象：分解炉出口温度过高，同时伴随有
① 某级旋风筒锥体堵塞，负压报警；
② 喂料系统喂料自动记录仪上反映不正常，预热器系统温度高；
③ C_5 出口温度不恒定；
④ 物料在炉内分散不好，分解率低。

原因分析：
① C_1～C_4 级旋风筒中某级锥体发生堵塞；
② 生料喂料量突然下降或中断；
③ 自动喂煤装置失灵或手动喂煤量过多；
④ 三次风量（入炉用风量）小，或撒料装置烧坏。

处理方法：
① 停料、停煤，通知现场巡检人员及时捅堵，若堵料严重，需按停车顺序停窑；
② 减少分解炉喂煤量或止煤，检查断料、少料的原因；
③ 手动操作时应减煤；
④ 加大三次风量，并检修撒料装置。

4.1.9 分解炉出口温度降低

现象：分解炉出口温度降低，同时伴随有
① 窑头有返火现象（瞬时出现正压）；
② 分解炉喂煤量显示偏低；
③ 分解炉内火花多，C_5 出口温度上升（出现后燃烧）；
④ 窑内排风小，窑头加不进煤；
⑤ 温度变化迟钝。

原因分析：
① C_2 或 C_4 级旋风筒塌料；
② 分解炉喂煤少，窑头喂煤多；
③ 三次风量不足；
④ 三次风量过大；
⑤ 热电偶上结皮。

处理方法：
① 塌料量不大，可稳住操作不变；量大则应减料，减慢窑速、窑头适当加煤至逐步恢复正常；

② 平衡分解炉和窑头用煤；
③ 适当开大二次风阀门,增加二次风量；
④ 适当关小三次风阀门,增加窑用风量；
⑤ 清理热电偶上结皮。

4.1.10 二次风温及三次风温变化

现象：
① 风温太低,冷却机箅下压力低,冷却机传动电流下降；
② 风温太高,冷却机箅下压力上升,传动电流上升；
③ 风温太高,入冷却机熟料温度太高。

原因分析：
① 料层薄；
② 料层太厚；
③ 入冷却机熟料温度太高。

处理方法：
① 降低箅速,增加料层厚度,提高箅下压力使之达到控制值,使二、三次风温逐渐上升；
② 提高箅速；
③ 适当增加冷却机(一、二室)的风量并增加排风机的排风量,稳定窑头负压及温度。

4.1.11 冷却机箅板温度偏高

现象：中控画面显示冷却机箅板温度过高。

原因分析：
① 箅板脱落或箅缝较宽,漏料比较严重；
② 熟料烧成状况不良,颗粒过细；
③ 箅床上出现"红河"现象；
④ 箅床速度过快,料层过薄；
⑤ 窑皮垮落或箅床堆料,无法及时冷却；
⑥ 风室冷却风量过大,或料层较薄,熟料层被吹穿；
⑦ 风室冷却风量过小,不能充分冷却熟料。

处理方法：
① 检修时更换磨损的箅板；
② 提高窑头温度,控制熟料 n 值不至于过大；
③ 根据箅床情况进行调整,若料层过薄,适当放低箅床速度；
④ 如果风室风量过大,熟料层被吹穿,则减少该风室风量,适当减慢箅速；
⑤ 如果风室风量过小,不足以冷却熟料,则开大该风室风量,适当加快箅速。

4.1.12 冷却机出料温度偏高

原因：
① 冷却风量不够；

② 篦床速度过快,熟料冷却后移;
③ 各风室风量匹配不合理;
④ 篦床出现"红河"或熟料结大块,掉窑皮。

处理方法:
① 适当增加部分风室的风量,使其匹配合理;
② 适当减慢篦速;
③ 保证配料合理及烧成状况稳定;
④ 对篦床"红河"现象进行相应的处理。

4.1.13 冷却机余风温度过高

现象:冷却机余风温度高。
原因分析:在二、三次风温不变的情况下,可能是由于篦冷机低温区用风量过少造成的。
处理方法:打开冷风阀门掺加冷风。

4.1.14 窑体托轮瓦温过高

现象:一个或多个托轮瓦温偏高。
原因分析:
① 筒体中心线不直,使托轮受力过大,局部超负荷;
② 托轮歪斜过大,轴承推力过大;
③ 轴承内冷却水管不通或漏水;
④ 润滑油变质或弄脏,润滑装置失灵。

处理方法:
① 定期校正筒体中心线;
② 调整托轮;
③ 检修水管;
④ 清洗检修润滑装置及轴瓦,更换润滑油。

4.2 压力异常处理

压力反映窑内阻力的大小、预热器中料流是否通畅及篦冷机料层厚度等情况。

4.2.1 窑尾负压增大

现象:窑尾负压增大,同时伴随有
① C_5 出口温度上升,炉内有火花(三次风量相应减少),同时排风机前负压增高;
② 窑尾负压增高,窑主电机功率高;
③ 改变三次风或排风机前阀门开度无效。

原因分析:
① 窑内通风量过大;
② 窑结圈或窑皮过厚;

③ 负压表失灵。

处理方法：

① 适当调整三次风阀门开度（加大）及排风机前阀门开度（关小）；
② 减少一次风，调整内、外风比例，改变火焰长度，前后移动喷煤管位置，同时排风配合变化；
③ 检查及修理仪表。

4.2.2 窑尾负压过低

现象：窑尾负压过低，同时伴随有
① 窑尾温度偏低；
② 三次风负压大，系统总负压小；
③ 负压指示失灵。

原因分析：
① 窑尾烟室结皮或积料；
② 窑内用风量小；
③ 测压管堵塞。

处理方法：
① 处理结皮或积料；
② 适当关小三次风阀门，调大排风机阀门或转速；
③ 清理负压管。

4.2.3 窑头出现正压

现象：窑头出现正压，同时伴随有
① 窑头返火倒烟；
② 窑尾负压增大报警；
③ 窑头出现正压。

原因分析：
① 预热器塌料；
② 窑内结圈严重；
③ 窑头排风机阀自动调节失灵。

处理方法：
① 塌料量不大，可稳住操作不变；量大则应减料，减慢窑速、窑头适当加煤至逐步恢复正常；
② 减少一次风，调整内、外风比例，改变火焰长度，前后移动喷煤管位置，同时排风配合变化；
③ 手动调节阀门开度（开大）并修复自动调节。

4.2.4 各级预热器出口气体压力过高

现象：中控画面显示各级预热器出口气体压力过高。
原因分析：
① 喂料量变大；

② 窑内通风量加大。

处理方法：
① 改变喂料量；
② 调小窑尾高温风机转速，降低系统通风量。

4.2.5 高温风机入口气体压力过高

现象：中控画面显示高温风机入口压力值过高。

原因分析：
① 窑尾高温风机阀门开度增大或风机的转速增加；
② 烧成系统阻力增加。

处理方法：
① 关小阀门或调低风机转速；
② 检查窑内、窑尾系统通风情况，看是否有堵塞、结圈现象。

4.2.6 窑头收尘器进出口气体压差过高

现象：中控画面显示窑头收尘器进出口气体压差过高。

原因分析：
① 冷却机余风过大；
② 收尘器内部结构不合理。

处理方法：
① 调小窑头排风机入口阀门；
② 改进收尘器内部结构。

4.3 电流异常处理

电流主要考虑的是窑主机的电流和冷却机的传动电流。前者反映窑内负荷和煅烧温度的变化情况以及设备安全运转的状况，后者反映篦冷机的负载大小，若篦冷机传动的电流增大，应检查料层厚度和篦速。窑电流是操作中衡量窑系统运行是否正常的一个重要参数。窑传动电流综合反映了窑内转速、喂料量、窑皮状况、窑内温度和物料液相量、黏度等情况，具有信息清楚、及时、可靠等优点，比其他参数的作用和意义更大，可看作是操作人员的"眼睛"，它所提供的窑内情况以及即将发生的工艺、机械方面的故障，给操作者及时调整、处理提供了依据。正常的窑电流曲线应平稳，随窑速变化而改变，如投料量和窑速未变，而曲线出现上升或下降，均表明窑工况有变化，需调整。

4.3.1 窑电流逐渐升高

现象：窑电流逐渐升高，如图4.4.1所示。
原因分析：窑内略有过烧，窑况变强。
处理方法：提高窑速，降低喷煤量或提高生料喂入量。

4.3.2 窑电流逐渐降低

现象:窑电流逐渐降低,如图 4.4.2 所示。

原因分析:窑况变弱。

处理方法:降低生料喂入量,增加喷煤量,降低窑速。

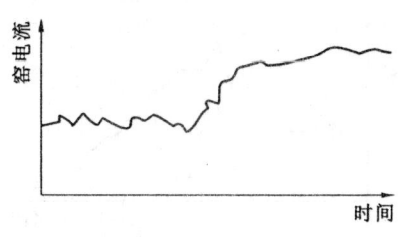

图 4.4.1 窑电流逐渐升高

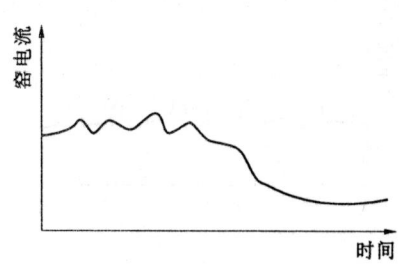

图 4.4.2 窑电流逐渐降低

4.3.3 窑电流突然升高,然后突然下降

现象:窑电流突然升高,然后突然下降,如图 4.4.3 所示。

原因分析:窑况过强,出现烧流现象。

处理方法:

① 大幅降低窑头喷煤量,提高窑速;

② 注意观察窑头状况,窑况变弱前增加喂煤量;

③ 增加篦冷机高温冷却风机风量。

4.3.4 窑电流缓慢升高

现象:窑电流缓慢升高,如图 4.4.4 所示。

原因分析:火焰偏长,窑皮长厚。

处理方法:注意调短火焰。

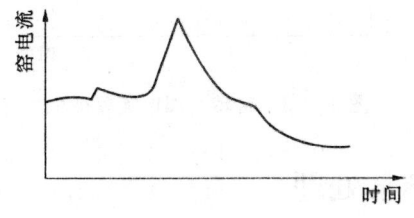

图 4.4.3 窑电流突然升高,然后突然下降

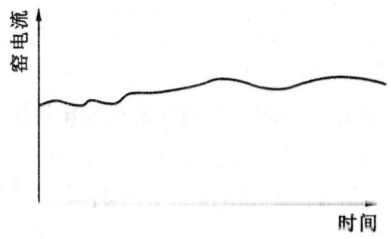

图 4.4.4 窑电流缓慢升高

4.3.5 窑电流缓慢升高且有突然波动

现象:窑电流缓慢升高且有突然波动,如图 4.4.5 所示。

原因分析:部分小窑皮脱落,填充率增加。

处理方法:注意观察电流变化,略加喷煤量并注意篦冷机及破碎机的电流。

4.3.6 窑电流突然升高很多,然后逐渐下降

现象:窑电流突然升高很多,然后逐渐下降,如图 4.4.6 所示。

原因分析:有大块窑皮脱落。

处理方法:降低窑速,增加喷煤量,降低生料喂入量。

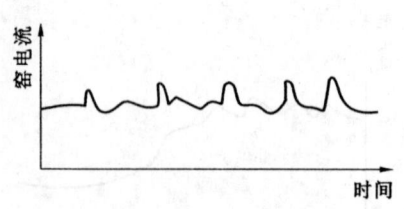
图 4.4.5 窑电流缓慢升高且有突然波动

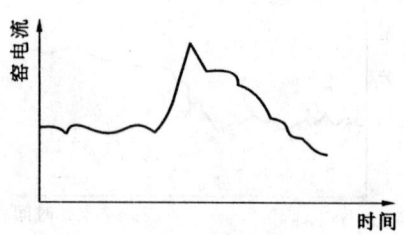
图 4.4.6 窑电流突然升高很多,然后逐渐下降

4.3.7 窑转一圈电流差逐渐变小

现象:窑转一圈电流差逐渐变小,如图 4.4.7 所示。

原因分析:窑内窑皮部分脱落,窑皮变得均匀。

处理方法:可保持原操作,注意观察电流的进一步变化。

4.3.8 窑转一圈电流差变大

现象:窑转一圈电流差变大,如图 4.4.8 所示。

原因分析:部分窑皮脱落,窑皮变得不均匀。

处理方法:可保持原操作,注意观察电流的进一步变化。

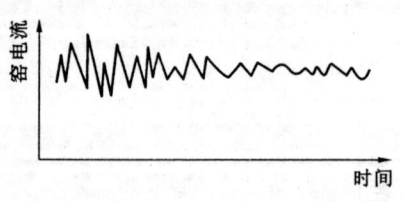
图 4.4.7 窑转一圈电流差逐渐变小

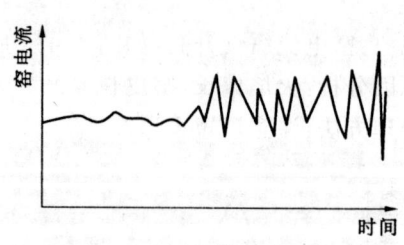
图 4.4.8 窑转一圈电流差变大

4.4 气体分析异常处理

窑炉气体中 CO 和 O_2 含量的高低是判别窑内燃烧情况的指标之一。对窑系统燃料燃烧的要求是,既不能使燃料在空气不足的情况下燃烧而产生 CO,又不能有过多的过剩空气而增大热耗。

4.4.1 窑尾 CO 超标

现象:

① 窑尾 CO 超标、负压减小、温度低;

② 窑尾 CO 超标,烧成带温度低,窑电流(功率)下降。
原因分析:
① 窑内拉风太小;
② 窑头供煤量过大。
处理方法:
(1) 适当关小三次风阀门;
(2) 适当减少窑用煤量。

4.4.2 分解炉出口 CO 含量超标

现象:
① 分解炉出口 CO 含量超标,窑尾温度高,分解炉出口温度低;
② 分解炉出口 CO 含量超标,分解炉内煤量多,分解炉出口温度低,C_5 出口温度高。
原因分析:
① 分解炉用三次风太小;
② 分解炉供煤量过大。
处理方法:
① 适当开大三次风阀门,增加三次风量;
② 适当减少分解炉喂煤量。

4.5 异常窑况处理

预分解窑在生产过程中由于原材料、燃料的变化或操作原因,引起窑外分解窑的生产受阻或波动,将使整个操作系统难以控制,造成不同的异常窑况。针对不同的异常窑况,需要认真分析其产生的原因,采取合理有效的措施进行解决,并在实际生产过程中,不断地总结经验,提高操作水平。

4.5.1 窑内产生黏散料

现象:烧成带物料过黏,成片下滑而很少滚动,难以结粒,表面粉化而产生大量黏散料,形成飞砂。
原因分析:
① 生料成分不当,n 值过高,液相量少使料子发散;
② 生料中 Al_2O_3 或碱的含量高,或煤灰分高使熟料中 Al_2O_3 含量高,料子发黏;
③ 操作不合理,尾温过高,物料预烧过好,进入烧成带后,料子过于好烧而发黏;
④ 窑前结圈。
处理方法:
① 配料中适当增加 Fe_2O_3 含量;
② 适当增大窑内拉风,使碱的挥发量增加;
③ 控制好烧成温度,以熟料结粒细小而均齐为准,在控制 $f\text{-}CaO$ 不超指标的前提下,减少窑头用煤量,降低烧成带温度;

④ 适当提高窑速，减少物料在烧成带的停留时间，若前圈较高应先烧掉前圈，使物料运行顺畅。

4.5.2 预热器旋风筒锥体或下料管堵塞

现象：
① 从发生堵塞的旋风筒至窑尾的气体温度明显上升；
② 发生堵塞的旋风筒锥体压力明显下降，直至零压。

原因分析：
① 下料翻板阀闪动不灵或被硬物卡死；
② 锥体被异物堵死；
③ 结皮未及时清理，温度波动时大量垮落；
④ 操作不当引起温度超高，使物料黏结；
⑤ 拉风过小，旋流速度低，未将锥体积料冲刷掉；
⑥ 有较集中的大塌料被棚住；
⑦ 生料化学有害成分过高或生料化学成分波动过大；
⑧ 系统设计不合理；
⑨ 系统漏风较多。

处理方法：
① 预热器系统堵塞后，要根据堵塞时间的长短，判断旋风筒内部物料的堵塞情况。在没有搞清内部情况之前，千万不能将人孔门打开。在观察时，应从旋风筒的高处向下，从较小的观察孔逐步进行检查。检查时，检查人员一定要穿戴安全防护服装，以确保人身安全。
② 在清堵过程中，一般情况下高温风机必须工作，以保证预热器内处于一定的负压状态。但不宜过大，以免引起窑内温度降低过快。
③ 捅料位置应在堵料的最下部，逐步向上清理，并将堵料以下所有的翻板阀吊起，切记不可随意打开阀门端盖。
④ 处理故障时，窑应在慢转位置上，以防窑体变形，并随时通知有关岗位注意安全，防止冲料，造成人员烧伤。特别注意冷却机及地下熟料链斗输送机处的人员安全问题。
⑤ 清理前，捅料孔以下部位所有观察门孔必须关闭。
⑥ 利用压缩空气吹堵时，处理人员必须穿戴安全防护服装，且一定要将捅料杆插入预热器内部或物料的深处后，才能开启压缩空气进行处理。
⑦ 采用放水炮的方法时，要将捅料铁管(头部多开些 $\phi 5 \sim 8$ mm 小孔或砸扁)插入堵料的深处后，再将管子进行必要的固定。管子的另一端安装耐压橡胶软管并接高压水阀(切记不能让水流进金属管内)，等所有人员撤离现场到安全处后，迅速打开高压水阀，即可完成放水炮的过程。可以根据情况反复放水炮，直至清除堵料问题为止。
⑧ 也可购买专业的高压"水刀"进行清堵作业。

预防方法：
① 加强系统的巡检工作，避免因设备失灵造成不必要的堵塞问题。
② 严格按照生产过程参数操作，避免局部高温现象的存在和热工操作参数的波动，以消除因热力作用造成的局部黏结引发的堵塞现象。

③ 严格控制原燃料的有害化学成分含量(K_2O+Na_2O、SO_3、Cl 等),同时注意生料三率值及 MgO 含量的变化,根据变化采取相应的操作。

④ 生产操作过程中,要避免操作和控制的大起大落,一定要做到风、煤、料的稳步提高或降低,以克服因加料过猛造成的堵塞问题。

⑤ 避免预热器系统内通风不良,使煤粉燃烧不完全,造成堵塞。

⑥ 注意现场检查系统的漏风情况。

4.5.3 篦冷机堆雪人或入料口堵塞

现象:

① 从篦冷机内的摄像机中可以看到在冷却机入口处有熟料堆积;

② 一室篦下压力增大,窑头及系统负压也增大;

③ 出冷却机熟料温度升高,甚至出现"红河"现象。

原因分析:

① 配料不当,熟料 n 值高,Al_2O_3 含量高;

② 煤灰分高;

③ 烧成带温度高,冷却带太短或没有冷却带,造成二次烧结;

④ 火焰变形,物料产生不完全燃烧;

⑤ 有前结圈;

⑥ 高压冷却风机的风压、风量不够;

⑦ 熟料结大块、结球或掉大块窑皮;

⑧ 篦床故障停车而窑仍运转下料;

⑨ 预热器塌料或清理堵塞时突然垮落冲料。

处理方法:

① 适当降低配料 n 值,并增加 Fe_2O_3 含量;

② 窑头适当减煤,降低烧成带温度;

③ 调整火焰形状及位置,防止煤粉掺入熟料;

④ 适当提高窑速,缩短物料在烧成带的停留时间;

⑤ 烧掉前圈;

⑥ 增大冷却风量;

⑦ 启动空气炮,将物料爆开;

⑧ 提高篦床速度,适时根据余风温度启动喷水装置,以控制进电收尘器余风温度;

⑨ 加强窑的操作,防止窑不正常运转;

⑩ 停窑,从冷却机侧部清理检查口,及时进行人工捅料排除堵塞。清理过程中禁止放空气炮。

4.5.4 窑跑生料

窑出现跑生料的现象,主要是由于对系统操作过程的掌握不够和在系统偏离正常生产要求(回转窑的工作电流趋势图及烧成系统各控制温度趋势图不正常)时没有及时发现或判断失误造成的。因此,作为中控室的操作人员,在生产控制过程中应做到"勤于观察,善于思考,捷于判断,迅速处理"。

现象:
① 窑电流明显下降;
② NO_x、O_2 浓度下降;
③ 窑尾温度下降;
④ 篦冷机一室压力上升;
⑤ 窑内模糊不清;
⑥ 窑头电收尘进口温度上升。

原因分析:
① 对于一定的生料喂料量,用煤量偏少,使热耗控制偏低,煅烧温度不够;
② 结圈或窑皮大量脱落,来料量突然增大,而操作人员不知道或没注意,用煤量和窑速没有及时调节或判断有误;
③ 分解炉用煤量偏小,入窑生料分解率偏低,窑用煤量较多,但窑内通风不好,烧成带温度提不起来;
④ 回转窑在产量偏低范围内运行,致使预热器系统塌料频繁发生。

处理方法:
① 加大喷煤量,加大系统通风;
② 降低窑速,加大窑头喷煤量,必要时须降低窑喂入生料量,待窑况正常再恢复正常操作;
③ 增加分解炉喷煤量,必要时须降低窑喂入生料量,待窑况正常后再恢复正常操作,并保证合理的燃烧比(窑头喷煤量:窑尾喷煤量);
④ 在窑况较强时,提高窑速、系统通风及喷煤量,迅速越过低产不稳定塌料区,尽量使烧成系统在满负荷状态下运转。

4.5.5 熟料过烧或烧流

窑出现熟料过烧或烧流主要是由于对系统操作过程的掌握不够和在系统偏离正常生产要求(回转窑电流趋势图及各控制点温度趋势图不正常)时没有及时发现或出现判断失误造成的。

现象:熟料过烧时,窑内颜色白亮,物料发黏"出汗"呈面团状,物料被带起高度比较高,物料烧熔部位的窑皮甚至耐火砖磨蚀;窑电机电流较高,而烧流现象严重时,窑电流会突然下降。

原因分析:
① 用煤量过多,烧成温度太高;
② 熟料 KH 值和 n 值偏低,Al_2O_3 和 Fe_2O_3 含量偏高;
③ 生料均化不好,化学成分波动过大,或者生料细度太细致使物料易烧结;
④ 窑灰搭配不合理,瞬间掺入比例太大。

处理方法:
① 若过烧状况不严重,可适当降低窑头喷煤量,提高窑速;若出现烧流现象,则须大幅降低窑头喷煤量,提高窑速,使后面温度较低的物料迅速进入烧成带以缓解过烧现象。但操作员应在窑头注意观察,避免跑生料。

② 根据煤质适当调整生料率值及液相量。
③ 加强均化，控制生料细度在合理的范围内，并保证煤质的稳定。
④ 严格控制窑灰的配比，以保证入窑生料的稳定。

4.5.6 窑内结球

现象：
① 火焰短粗且不稳定，窑内气流不畅；
② 窑尾温度降低，窑尾负压波动较大；
③ 窑头负压降低且波动增大；
④ 烧成带来料不均匀且波动大；
⑤ 窑电机电流增大。

原因分析：

① 生料成分不合适，石灰石饱和比及硅酸率过低，形成过多的液相量，在分解炉温度、窑尾煅烧温度与火焰控制及窑速不合适的情况下，易形成"结球"现象。一般要求预分解窑生料中 $Al_2O_3+Fe_2O_3<9\%$，液相量为 25% 左右，$SiO_2>22\%$，$n>2.50$。若配料中 Al_2O_3、Fe_2O_3 含量高，SiO_2 含量低，则为窑内结球提供了便利条件。

② 煤的细度过粗、灰分过高以及喷煤嘴的位置、火焰形状控制不当，易造成窑内结球。当窑内通风不良时，会造成煤粉不完全燃烧，使煤粉跑到窑的后部燃烧，液相提前出现，也易造成窑内结球。另外，煤粉粗、灰分高容易引起煤灰与生料混合不均匀，当窑尾温度过高时，窑后物料会出现不均匀的局部熔融，形成结球核心，也易造成结球现象。

③ 入窑生料中有害成分过多且挥发率高，则它们在系统中的富集程度越高，结球、结皮的特征矿物（如钙明矾石 $2CaSO_4 \cdot K_2SO_4$，硅方解石 $2C_2S \cdot CaCO_3$）生成的机会也越多，窑内出现结球的可能性就越大。一般要求预分解窑生料中 $R_2O<1.0\%$，$Cl^-<0.015\%$，均烧基硫碱摩尔比控制在 0.5~1.0，燃料中 $SO_3<3.0\%$。

④ 窑的热工制度控制不稳定，开、停窑频繁，加上喂料、喂煤不稳定，系统塌料严重，导致窑内工况变化较大（即高、低温起伏较大），窑内容易出现结球现象。

处理方法：

对于较小的熟料球，可以使其直接落入篦冷机内。若料球过大，超过窑内的有效半径时，往往因为燃烧器的影响，熟料不能自由落入篦冷机内，此时应在料球没有触及燃烧器喷头前停火，在保证回转窑慢转的情况下，采用高压水枪进行骤冷和冲击，以减小料球直径。当料球直径减小到对篦冷机无威胁时，可让其自然落入篦冷机内。一般情况下，如果料球能够进入破碎机，就不需要再进行处理。若料球仍较大，无法进入破碎机，则需停窑进行二次人工处理。在利用高压水枪处理料球时，注意不能让水淋到高温的耐火砖或耐热混凝土上，以免造成耐火材料的溃裂。

控制措施：

合理调整生料率值，严格控制入窑生料的有害成分和煤粉质量，提高入窑生料的均匀性，保证各计量设备运转稳定。窑操作员应该精心操作，把握好风、煤、料和窑速的合理匹配，稳定烧成系统的热工制度。

4.5.7 窑内结圈

现象：

① 在窑头很容易观察到窑口前结圈，严重时影响窑内通风。

② 窑内熟料圈或后结圈形成时，窑头火焰短粗，火焰前部白亮但发浑，窑内气流不畅，火焰受阻伸不进窑内，窑前温度升高，窑筒体表面温度也升高；窑尾温度降低，窑尾负压明显上升；窑头负压降低，并频繁出现正压，发生倒烟现象；烧成带来料不均匀且波动大；窑主机电流增大；结圈严重时窑尾密封圈出现漏料；测窑体温度时，结圈处温度明显偏低。

原因分析：

① 入窑生料成分波动大，喂料量不稳定。当生料的 KH 值高时，窑内物料松散不易烧结，熟料 f-CaO 含量高，喂料量大时需加煤提高烧成温度，有时还需降低窑速；而当遇到低 KH 值料或料量少时，若操作上不能及时调整，烧成带温度偏高，物料过烧发黏易形成长厚窑皮，进而产生熟料圈。

② 入窑生料中有害成分的影响。结圈料中，$CaO+Al_2O_3+Fe_2O_3+SiO_2$ 含量偏低，而 R_2O 和 SO_3 含量偏高。生料中的有害成分在熟料煅烧过程中先后分解、气化和挥发，在温度较低的窑尾凝聚黏附在生料颗粒表面，随生料一起入窑，容易在窑后部结成硫碱圈。在入窑生料中，当 MgO 含量和 R_2O 含量都偏高时，R_2O 在 MgO 引起结圈的过程中充当"媒介"作用，易形成镁碱圈。

③ 煤粉质量的影响。灰分高、细度粗、水分大的煤粉着火温度高，燃烧速度慢，黑火头长，容易产生不完全燃烧，且煤灰沉落也相对比较集中，容易结熟料圈。另外，喂煤量的不稳定，使窑内温度忽高忽低，也容易产生结圈。

④ 一次风量和二次风温度的影响。喷煤嘴的内流风偏大，若二次风温偏高，则煤粉一出喷煤嘴即着火。此时，燃烧温度高，火焰集中，烧成带短，而且位置前移，容易产生窑口圈。

预防措施：

① 合理调整配料方案，稳定入窑生料成分。当窑上经常出现结圈时，应适当提高 KH 值或 n 值，减少熔剂矿物的含量。高 KH 值、高 n 值的生料难烧，且 f-CaO 含量高，对保护窑皮和熟料质量也不利。一般来讲，KH 值较高和 n 值相对较低，或 n 值较高和 KH 值相对较低的生料都比较好烧，且不容易结圈。

② 减少原、燃料带入的有害成分，严格控制黏土中的碱含量及煤中的硫含量。

③ 严格控制煤粉的细度、水分，确保煤粉充分燃烧。

④ 控制好喷煤嘴的火焰形状，确保风、煤混合均匀并有一定的火焰长度；经常移动喷煤管，改变火点位置。

⑤ 提高窑的快转率。稳定烧成系统的热工制度，在保持喂料、喂煤均匀及加强物料预烧的基础上，应采取薄料快转、长焰顺烧的方法，提高快转率。

⑥ 确定一个经济合理的窑产量指标。当窑产量超过一定限度以后，由于系统抽风能力所限，致使煤灰在窑尾大量沉降并产生还原气氛。此时加大拉风，会使窑内气流断面风速增加，火焰拉长，液相提前出现，容易形成熟料圈。

窑前圈的处理方法：窑前结圈不高时，对窑操作影响不大，一般不用处理；但当结圈太高时，既影响看火操作，又影响窑内通风及火焰形状。熟料长时间在窑内滚不出来，容易损伤烧成带窑皮,甚至磨蚀耐火砖,这时应及时处理,将喷煤管往外拉,调整好用火和用煤量。

① 如果前圈离窑下料口比较远,则系统风、煤、料量一般可以不变,只需把喷煤管往外拉出一定距离,即可把前圈烧垮。

② 如果前圈离窑下料口比较近并在喷嘴口前,则将喷煤嘴往里伸,使圈体温度下降而脱落。如果此时圈体不垮,则按下面两种方法处理:a. 把喷煤管往外拉出,同时适当增加内流风和二次风温度,这样可以提高烧成温度,使烧成带前移,把火点落在圈位上。一般情况下,圈能在2~3 h内逐渐被烧掉,但在烧圈过程中应根据进入烧成带料量的多少,及时增减用煤量和调整火焰长短,防止损伤窑皮或跑生料。b. 如果用前一种方法无法把圈体烧掉时,则把喷煤管向外拉出并把喷嘴对准圈体直接烧,待窑后预烧较差的物料进入烧成带后,火焰会缩得更短,前圈将被强火烧垮。采用这种处理方法时,由于喷煤管拉出过多,生料黑影较近,窑口温度很高,所以窑操作员必须在窑头勤观察,出现问题及时处理。

窑后圈处理方法:

① 处理窑后结圈一般采取烧圈法,包括热烧法、冷烧法和冷热交替法三种。

② 处理窑后结圈时应注意的问题是:a. 热烧时,烧成温度应比正常情况高,火焰应长些,火点往窑内伸,窑速要慢些;冷烧时,烧成温度应稍低,且火焰应回缩,火点往窑头移,窑速要快;冷热交替法就是冷烧和热烧交替进行,使结圈处温度有较大变化,让结圈塌落。b. 烧圈时,应注意火焰形状不能扫窑皮。c. 烧圈时,中控应与窑巡检员密切配合,协调操作,火点的移动可通过调整窑内通风、调整窑头喷煤管位置及内、外风阀门的比例来实现。

4.5.8 预热器塌料

现象:

① 窑尾排风量突然下降;
② 清理旋风筒或管道堵塞时突然冲料,表现为锥体负压突然降低;
③ 窑尾温度下降幅度很大;
④ 窑头负压减少,可能显示为正压。

原因分析:

① 回转窑在产量偏低范围内运行;
② 系统结皮、堵塞。

处理方法:

① 对于较低程度的塌料,一般不作特别处理,可适当增加窑头喂煤量,酌情调整操作。
② 塌料严重则按窑跑生料故障处理,但应注意窑头负压的调整,严防热气流冲出伤人。

4.5.9 掉窑皮(垮圈)

现象:

① 窑电流短时间内异常迅速上升;
② 窑筒体局部高温;
③ 窑内有大块暗红色窑皮。

原因分析:

① 窑内结圈到一定程度时,由于受本身应力的影响,所结的圈会垮落下来;

② 窑皮完整性不好。

处理方法：

① 调整火焰位置，保持火焰顺畅；

② 减料，数分钟后加快篦速，待一室压力上升后减窑速，待窑内恢复正常后缓慢提高窑速；

③ 调整窑筒体冷却机位置。

4.5.10 红窑

现象：筒体扫描显示温度过高，夜间看到筒体出现暗红，白天发现筒体有爆皮现象。

原因分析：

① 配料或操作不当，导致窑皮挂得薄厚不均或脱落；

② 窑衬质量或镶砌质量不佳，窑衬损坏或侵蚀变薄且未及时更换；

③ 轮带与垫板磨损严重，间隙过大，使筒体径向变形增大；

④ 筒体中心线不直；

⑤ 筒体部分热变形，内壁凹凸不平，造成耐火砖脱落。

处理方法：

① 加强配料工作及煅烧操作控制，以稳定窑皮。

② 选用高质量的窑衬，提高镶砌质量，严格掌握窑衬使用周期，及时检查砖厚，及时更换侵蚀损坏的窑衬。

③ 严格控制烧成带附近轮带与垫板的间隙，间隙过大时，要及时更换垫板或加垫调整；为防止和减少垫板间长期相对运动所产生的磨损，在轮带和垫板间应加润滑剂。

④ 定期校正筒体中心线，调整托轮位置。

⑤ 应做到红窑必停，对变形过大的筒体及时修理或更换。

4.5.11 冷却机篦下风室堵死

现象：

① 冷却机篦下压力增高；

② 风室内风温升高。

原因分析：

① 排料阀故障；

② 篦板磨损严重，漏料太大、太多；

③ 拉链输送机故障，停机时间太长。

处理方法：如果确认为冷却机风室堵死，则进行停窑操作，分析原因并清除故障。

4.5.12 冷却机篦床上出现"红河"

现象：

① 篦板局部温度高；

② 冷却机出料温度高。

原因分析：

① 熟料粗细分布不匀,粗料侧冷风量大,细料侧风量小;
② 篦床速度太快,料层较薄,形成吹穿现象。

处理方法:
① 降低各段篦速,合理调配各段冷却风量;
② 停机检修时调整分流盲板,并予以改善。

4.6　设备跳停

回转窑运行过程中,有时会因为电器或设备老化等原因引起突发故障,当故障发生时有关操作员要迅速做出反应,采取应急措施,以保护设备。

① 事故停窑时,窑内温降应为 30～50 ℃/h,并按升温时转窑频度进行转窑,停电时应采用备用电源。
② 在将管道内的煤粉冲吹干净后再停止窑头、窑尾喷煤风机。
③ 在喷煤嘴逐渐冷却后再停止一次风机,并逐步将喷煤嘴抽出。
④ 注意煤粉仓及煤粉系统各点温度变化,若有异常应及时处理。
⑤ 中控室操作员与现场紧急抢修人员应及时沟通,并确保工作安全。

4.6.1　窑头一次风机跳停

如果窑头一次风机跳停,则首先确认能否立即启动备用风机。如果能启动备用风机,则恢复正常操作;如果不能启动备用风机,则进行停窑操作,查明故障原因并进行修理。

4.6.2　喷煤系统跳停

原因分析:
① 喂煤系统机械故障或卡死;
② 煤粉计量系统或输送系统故障;
③ 罗茨风机故障;
④ 锁风或收尘系统故障,煤粉流动不畅。

处理方法:如果喷煤系统跳停,则降低喂料量 30%～40%,降低窑速 30%～40%,降低篦速及篦冷风机风量。如果喷煤系统能在 5 min 内恢复运转,则恢复正常操作;如果不能则进行停窑操作,查明原因并清除故障。

4.6.3　冷却机篦床跳停

原因分析:
① 篦床变形,掉篦板,导致篦床推动功率大造成跳停;
② 篦床熟料过厚,造成篦床压死跳停;
③ 熟料破碎机锤头磨损严重或掉落,造成运转不稳定;
④ 电气故障;
⑤ 拉链输送机故障或排料阀故障,漏料堵塞风室。

处理方法:

① 在联锁状态下,系统会按预先设定的联锁保护程序跳停。如果在解锁的状态下,应根据不同段的箅床,采用不同的操作控制方法。

② 如果一段箅床跳停,则进行停窑操作,查明原因并清除故障。

③ 如果二、三段箅床跳停,则降低窑速30%～40%,降低喂料量30%～40%。如果箅床能在5 min内启动则恢复正常操作;如果不行则进行停窑操作,查明原因并清除故障。

4.6.4 冷却机风机跳停

原因分析:

① 风机润滑不良;

② 轴承温度超限;

③ 传动皮带断裂;

④ 电机故障。

处理方法:

① 如果冷却机高温段风机停车,则进行停窑操作,查明原因并清除故障,避免箅板烧损。

② 如果冷却机低温段风机停车,可适当延长处理时间(建议不超过20 min)。此时应降低喂料量30%～40%,降低窑速30%～40%,加大高温段冷却风量,查明原因并清除故障。然后通过观察孔观察熟料冷却情况,密切监测箅板温度从而决定是否需要减料停窑。

③ 注意窑头负压变化,随时调整熟料电收尘器引风机前的阀门开度。

4.6.5 窑头收尘器引风机跳停

原因分析:

① 风机润滑不良;

② 轴承温度超限;

③ 风机振动大;

④ 系统漏风大,风机超负荷;

⑤ 电气故障。

处理方法:在联锁状态下,系统会按预先设定的联锁保护程序跳停。如果在解锁状态下,窑头收尘器引风机跳停,则降低喂料量50%,降低窑速50%,调整冷却风机风量,保证窑头负压。若需较长时间修理或无法保证窑头负压,则应进行停窑操作。

4.6.6 冷却机的破碎机跳停

原因分析:

① 异物堵塞;

② 轴承磨损,或润滑油加注不及时;

③ 机械故障;

④ 电气故障。

处理方法:冷却机的破碎机跳停,则按联锁关系操作箅冷机的最后一段箅床停车。若破碎机10 min之内不能开启,则进行减料、减煤、减窑速等停窑操作。

4.6.7 冷却机出口链斗机跳停

原因分析：
① 出口堵塞；
② 液力耦合器油温高，保险烧熔；
③ 其他机械故障（如链斗脱落等）；
④ 电气故障。

处理方法：冷却机出口链斗机跳停，则按联锁关系操作篦冷机的最后一段篦床停车。若链斗机 10 min 之内不能开启，则进行减料、减煤、减窑速等停窑操作。

项 目 实 训

实训1　熟料煅烧系统开停车实训

项目描述：本实训项目是以新型干法水泥生产仿真系统为主要载体，让学生根据工艺流程模拟按顺序启动和停止熟料煅烧系统设备。

实训内容：
(1) 打开仿真系统，正常开机进入熟料煅烧系统，所有设备处于未开机状态。
(2) 按顺序进行组启动，设备开车时注意设备之间的启动联锁、安全联锁及运行联锁。
(3) 按顺序进行组停车，设备停车时注意停车联锁关系及注意事项。

实训2　熟料煅烧系统正常运行操作实训

项目描述：本实训项目是以新型干法水泥生产仿真系统为主要载体，让学生操作熟料煅烧系统使其正常运行。

实训内容：
(1) 控制一级旋风筒出口气体温度。
(2) 控制窑门罩压力。
(3) 控制分解炉出口温度。
(4) 控制窑内火焰温度。
(5) 控制窑尾负压。
(6) 控制窑筒体温度。
(7) 控制窑尾高温风机入口气体压力。
(8) 控制窑尾高温风机入口气体温度。

实训3　熟料煅烧系统常见故障处理实训

项目描述：本实训项目是以新型干法水泥生产仿真系统为主要载体，让学生学会对出现的熟料煅烧系统故障进行处理。

实训内容：
(1) 温度异常故障处理。
(2) 压力异常故障处理。
(3) 气体成分异常故障处理。

(4) 电流异常故障处理。

(5) 设备跳停故障处理。

(6) 异常窑况处理。

思 考 题

1. 简述熟料煅烧系统的工艺流程。
2. 熟料煅烧系统由哪几部分组成,各起什么作用?
3. 简述熟料煅烧系统正常开车的顺序。
4. 简述熟料煅烧系统正常停车的顺序。
5. 简述熟料煅烧系统风、煤、料、窑速的匹配操作。
6. 烧成温度低的原因是什么,应如何处理?
7. 窑尾温度过高时应如何处理?
8. 分解炉出口温度高时应如何处理?
9. 冷却机出料温度偏高时应如何处理?
10. 窑尾负压增大时应如何处理?
11. 窑头出现正压时应如何处理?
12. 窑电流突然升高,然后突然下降时应如何处理?
13. 窑电流缓慢升高且有突然波动时应如何处理?
14. 窑尾 CO 超标时应如何处理?
15. 箅冷机堆雪人或入料口堵塞时应如何处理?
16. 熟料过烧或烧流时应如何处理?
17. 红窑时应如何处理?
18. 冷却机箅床上出现"红河"时应如何处理?
19. 窑内结圈时应如何处理?
20. 窑头一次风机跳停时应如何处理?
21. 冷却机箅床跳停时应如何处理?

项 目 小 结

熟料煅烧系统作为水泥生产过程中"两磨一烧"的一个环节,承担着将生料烧成熟料的主要任务。预分解窑系统由悬浮预热器、分解炉、回转窑和冷却机系统组成。

熟料煅烧系统重点监控参数包括:烧成带物料温度,氧化氮(NO_x)浓度,窑转动力矩,窑尾气体温度,分解炉或最低一级旋风筒出口气体温度,最上一级旋风筒出口气体温度,窑尾、分解炉出口或预热器出口气体成分,最上一级及最低一级旋风筒出口负压,最下一、二级旋风筒锥体下部负压,预热器主排风机出口管道负压,电收尘器入口气体温度,窑速及生料喂料量,窑头负压,箅冷机一室下压力及窑筒体温度。

新型干法窑系统操作的一般原则,就是根据工厂外部条件变化,适时调整系统各工艺参数,最大限度地保持系统"均衡稳定"的运转,提高设备运转效率。在烧成中控室的具体操作中要坚持"抓两头,保重点,求稳定,创全优"12字诀。

系统的开车一般为逆物料流程方向,停车的顺序与开车顺序相反。在开停车之前,要与相关车间及现场人员联系,在开停车的过程中要注意系统各设备间的联锁关系,包括启动联锁及安全联锁等。

回转窑正常、稳定操作的原则是三固、四稳及六兼顾。三固即固定窑速、固定喂料量、固定篦床熟料厚度。四稳即稳定C_5出口气体温度、稳定预热器排风机排风量、稳定烧成带温度(窑喂煤)、稳定窑头负压。六兼顾即兼顾窑尾O_2及气流温度、兼顾C_1出口温度和压力、兼顾炉温度和压力、兼顾筒体表面温度和压力、兼顾冷却机废气量、兼顾废气处理及收尘系统。

操作好预分解窑,风、煤、料和窑速的合理匹配至关重要。窑和分解炉用煤量取决于生料喂料量。系统风量取决于用煤量。窑速与喂料量同步,更取决于窑内物料的煅烧状况。所以风、煤、料和窑速既相互关联,又互相制约。

正常操作阶段是指窑系统经点火升温、投料挂窑皮阶段后已达正常投料量起,到出现较大故障而必须转入停窑操作这一时期。正常操作的主要任务就是通过对风、煤、料及窑速等操作变量的调节,保持稳定、合理的热工制度,使其他重点过程变量基本稳定。

窑系统的温度直接影响到熟料的质量、窑系统的热耗及窑系统的长期安全运转,掌握好温度的变化,稳定热工制度,是煅烧操作的根本任务。准确判断对系统调整至关重要,温度过高或过低均反映出生产不正常,对质量、热耗及安全不利。

压力反映了窑内阻力的大小、预热器中料流是否通畅和篦冷机料层的厚度情况。

窑传动电流综合反映了窑内转速、喂料量、窑皮状况、窑内温度及物料液相量和黏度等。它所提供的窑内情况以及可能发生的工艺、机械方面的故障,给操作者及时进行调整、处理提供了依据。冷却机的传动电流反映了篦冷机负载的大小。

窑炉气体中CO和O_2含量的高低是判别窑内燃烧情况的指标之一。对窑系统燃料燃烧的要求是,既不能使燃料在空气不足的情况下燃烧而产生CO,又不能有过多的过剩空气,以免增大热耗。

预分解窑在生产过程中由于原材料、燃料的变化及操作等原因,会引起窑外分解窑的生产受阻或波动,使整个操作系统难以控制,造成不同的异常窑况。针对不同的异常窑况,需要认真分析其产生的原因,采取合理有效的措施进行解决,并在实际生产过程中不断地总结经验,提高操作水平。

回转窑运行过程中,有时会因为电器或设备老化等原因引起突发故障,当故障发生时有关操作员要迅速做出反应,采取应急措施,以保护设备。

预分解窑的大部分参数在中控室集中控制,通过观察中控操作界面上参数的变化情况,找出变化异常的参数,应对异常参数进行分析并及时做出判断,采取有效措施进行相应的处理,使参数恢复正常。

预分解窑的异常窑况需要通过对中控室参数的变化进行分析,结合现场情况和化验室数据,对预分解窑异常窑况及时做出判断,并采取有效措施对故障进行处理。

完成项目评价

项目名称:熟料煅烧操作	评价内容	评价分值
任务1 熟料煅烧系统运行准备	能够准确表述熟料煅烧系统工艺流程、设备布置、主要设备组成和主要参数	20
任务2 熟料煅烧系统开停车操作	能够准确表述新型干法窑系统中控操作的一般原则,能通过仿真系统完成窑系统开、停车操作	25
任务3 熟料煅烧系统正常运行操作	能够准确描述窑系统的主要参数和控制指标,通过仿真系统能够实现窑系统风、煤、料和窑速的匹配操作,实现窑系统的稳定运行	25
任务4 熟料煅烧系统常见故障处理	能够准确描述熟料煅烧系统参数异常和窑况异常时的现象,能对仿真系统模拟的故障进行准确的判断,并采取正确的方法处理故障	30

项目 5　水泥制成操作

【项目描述】

本项目的具体任务是熟悉水泥制成系统的工艺流程，正常的开、停车顺序，各测量仪表的位置及数值范围，各主要设备的结构、类型、作用和控制要点；掌握主要控制参数对水泥制成的影响，以及如何调节使这些参数在正常范围内变化，并能对常见系统故障进行分析、判断和处理。

任务 1　水泥制成系统运行准备

任务描述：熟悉水泥制成工艺流程及其主要设备，为开车运行做好准备。
知识目标：熟悉水泥制成工艺流程及其主要设备。
能力目标：能绘制出水泥制成管磨和辊压机系统的工艺流程图并标出设备名称及重点控制参数，说明设备的作用。

水泥制成也是水泥生产过程中"两磨一烧"的一个重要环节，它将水泥熟料、石膏、混合材按一定的比例配好之后入磨进行粉磨，制成成品水泥。水泥制成粉磨系统入磨物料水分低、硬度高，故对烘干能力的要求不高，而主要考虑粉磨能力。水泥制成粉磨系统主要有管磨系统和辊压机系统。管磨系统常配置双仓闭路磨，辊压机系统则是由辊压机与球磨机组成的粉磨系统。

1.1　管磨系统运行准备

1.1.1　管磨系统工艺流程

管磨系统工艺流程如下：熟料、石膏经电子皮带秤配料，通过入磨皮带机喂入磨头，粉磨后的物料由磨尾卸出，经空气斜槽由提升机喂入选粉机（较细的颗粒随出磨气体直接提升进入选粉机）。高效选粉机分离出的粗粉，通过皮带机再次喂入磨头。出选粉机的带料气体经袋式收尘器过滤出成品（水泥），输送并储存于水泥库，净化后的气体由主排风机排入大气。水泥管磨系统工艺流程如图 5.1.1 所示。

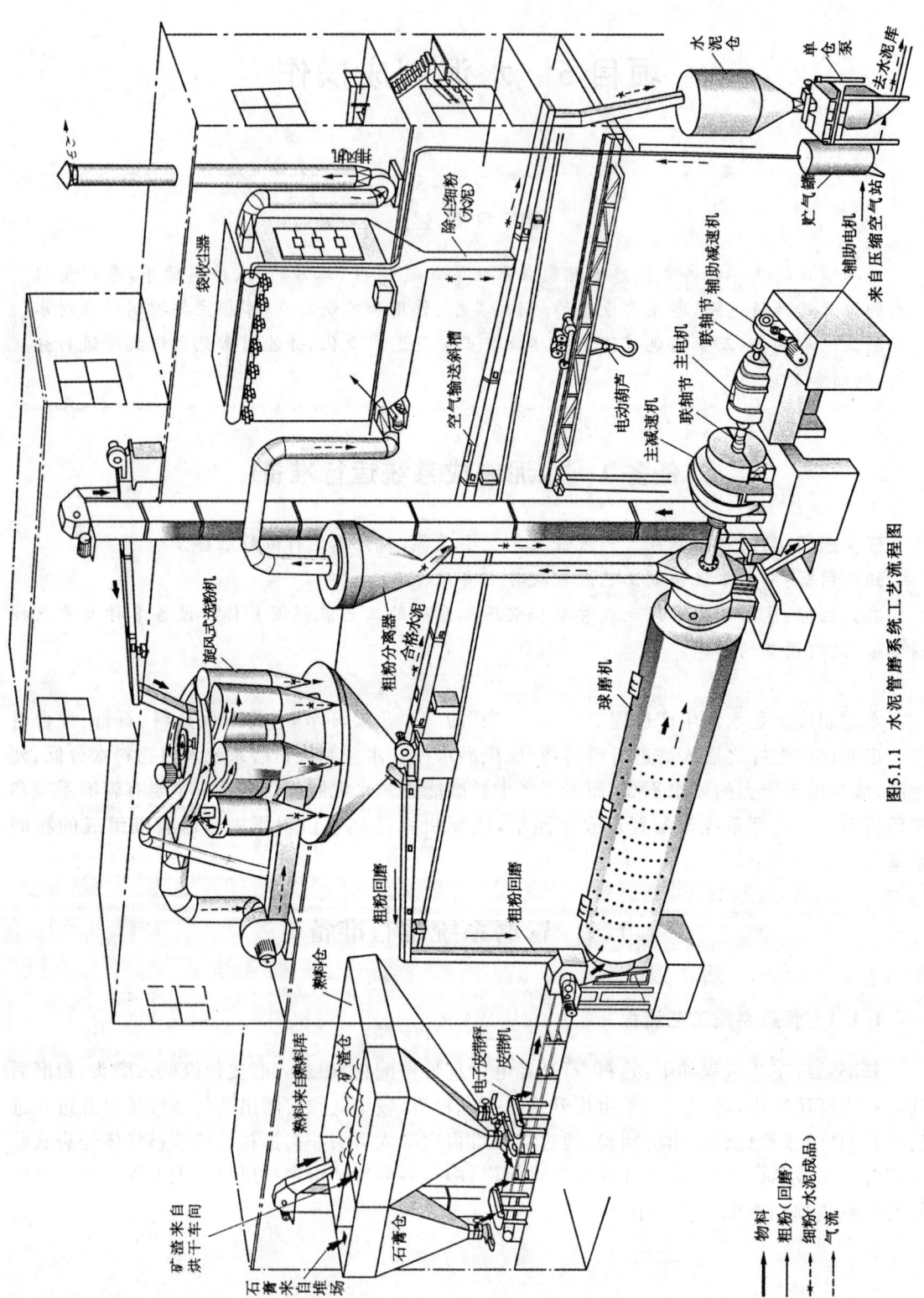

图5.1.1 水泥管磨系统工艺流程图

1.1.2 管磨系统主要控制参数

1.1.2.1 管磨系统主要检测参数
① 磨音(电耳);
② 提升机功率;
③ 出磨物料温度;
④ 出磨气体温度;
⑤ 出磨气体压力;
⑥ 袋式收尘器进、出口压力差;
⑦ 排风机进口气体压力;
⑧ 选粉机转速;
⑨ 选粉机粗粉回料量;
⑩ 产品的质量(主要是细度)。

1.1.2.2 管磨系统主要调节参数
① 喂料量;
② 排风机阀门开度;
③ 选粉机一次风冷风阀开度(现场手动调节);
④ 选粉机转速。

1.1.3 管磨系统主要设备

1.1.3.1 管磨
水泥磨与生料磨的结构基本相同,但水泥磨不设烘干仓,并增加了喷水装置。

(1) $\phi 2.2\ m \times 6.5\ m$ 边缘传动水泥磨(尾卸)

该磨机去掉了烘干仓,其余与同规格原料磨的结构基本相同,磨内设有喷水管用于粉磨水泥时喷水降温,如图 5.1.2 所示。

(2) $\phi 3\ m \times 11\ m$ 中心传动水泥磨(尾卸)

该磨机为中长磨,有三仓。第一、二仓采用阶梯衬板,第三仓安装小波纹无螺栓衬板,且一、二仓采用双层隔仓板分开,二、三仓采用单层隔仓板分开。为降低水泥粉磨时的磨内温度,其磨尾装有喷水管(有的水泥磨各仓均设有喷水管),如图 5.1.3 所示。

(3) $\phi 4.2\ m \times 13\ m$ 中心传动双滑履水泥磨(尾卸)

该磨机支撑点选在磨机筒体上,从机械设计方面来讲,可简化结构及改善磨机筒体的受力,因此可以减少筒体钢板厚度,从而减轻设备重量。针对粉磨水泥使磨内产生高温的现象,这种磨机可以充分利用其两端的进、出料口的最大截面积来通风散热,同时也可降低气流出口风速,避免较大颗粒的水泥被气流带走,如图 5.1.4 所示。双滑履支撑已成为大型球磨机的主流配置。

1.1.3.2 选粉机及收尘器
选粉机及收尘器设备相关内容参见生料制备系统。

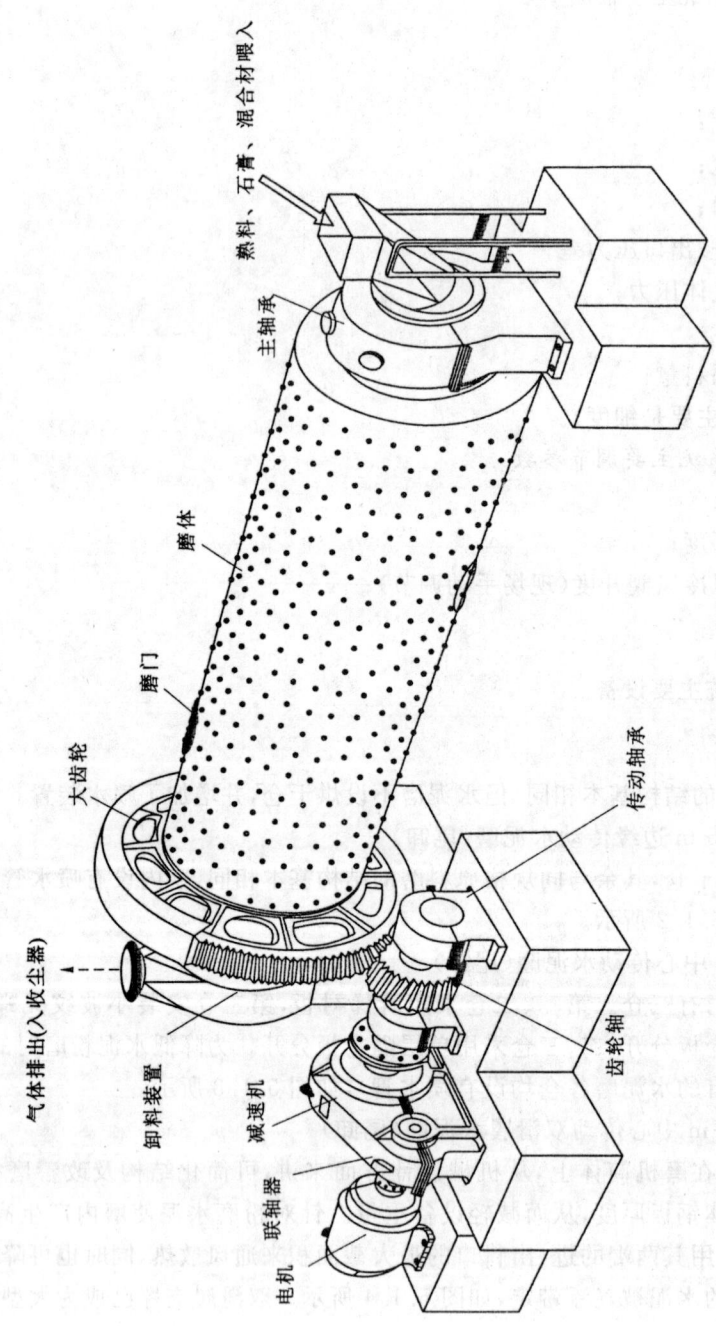

图5.1.2 φ2.2 m×6.5 m边缘传动水泥磨（尾卸）

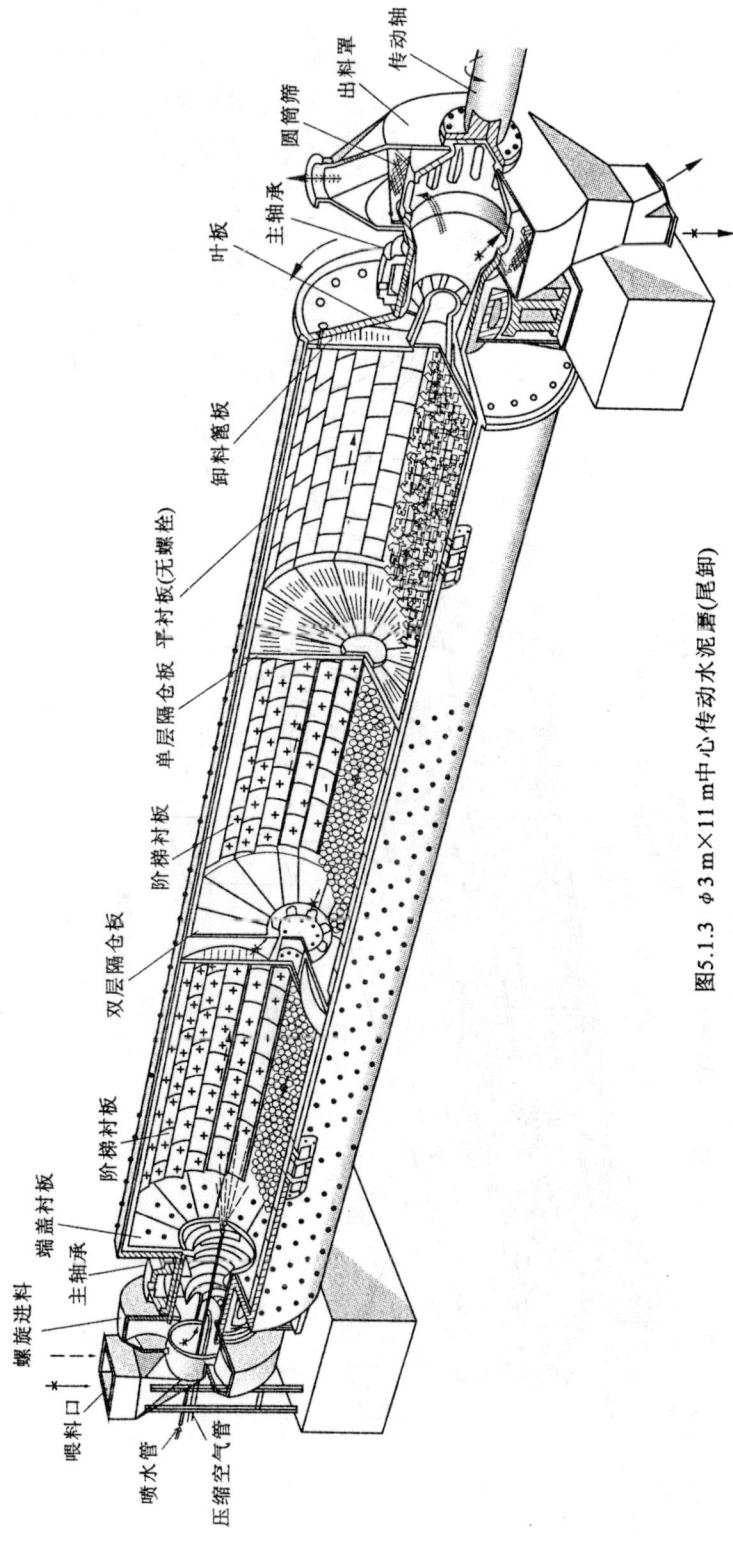

图5.1.3 φ3 m×11 m中心传动水泥磨(尾卸)

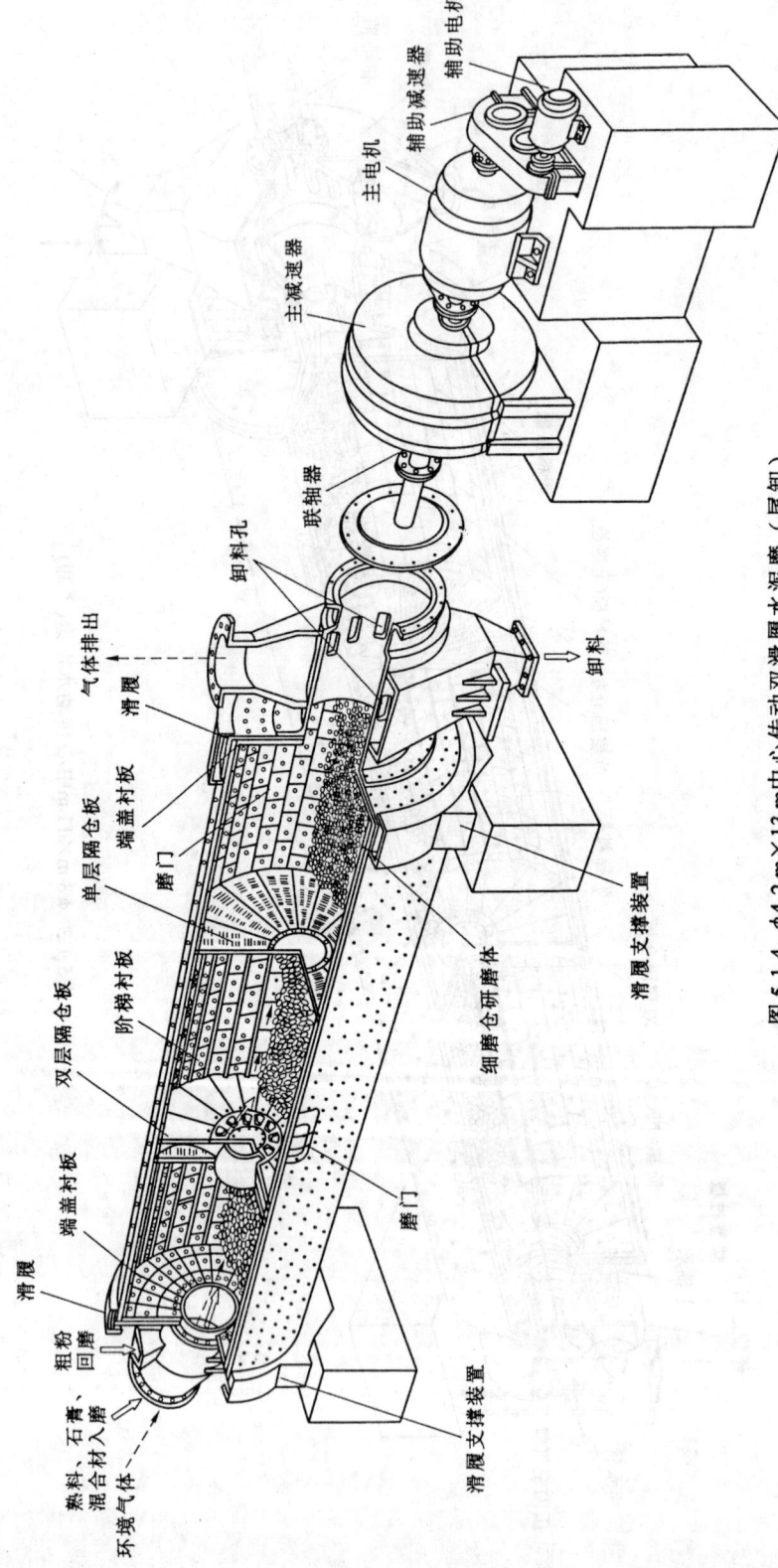

图 5.1.4 φ4.2 m×13 m 中心传动双滑履水泥磨（尾卸）

1.2 辊压机系统运行准备

1.2.1 辊压机系统工艺流程

辊压机系统工艺流程包括预粉磨工艺、混合粉磨工艺、联合粉磨工艺、半终粉磨工艺及终粉磨工艺等。

1.2.1.1 辊压机工艺流程简介

（1）预粉磨工艺流程

预粉磨工艺是将入球磨机的物料由辊压机挤压预处理，而后再送入球磨机粉磨形成水泥产品。预粉磨工艺流程如图 5.1.5 所示。

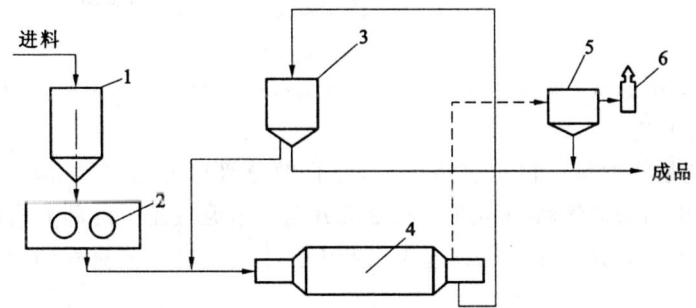

图 5.1.5 预粉磨闭路系统工艺流程图
1—喂料机；2—辊压机；3—选粉机；4—磨机；5—收尘器；6—排风机

（2）混合粉磨工艺

混合粉磨工艺同预粉磨工艺一样，是将入球磨机的物料由辊压机预处理，而后再送入球磨机粉磨形成水泥产品。与预粉磨工艺不同的是，球磨机粉磨的半成品经选粉机分选后，粗粉不是全部返回磨头重新粉磨，而是将部分粗粉返回辊压机重新挤压。混合粉磨工艺流程如图 5.1.6 所示。

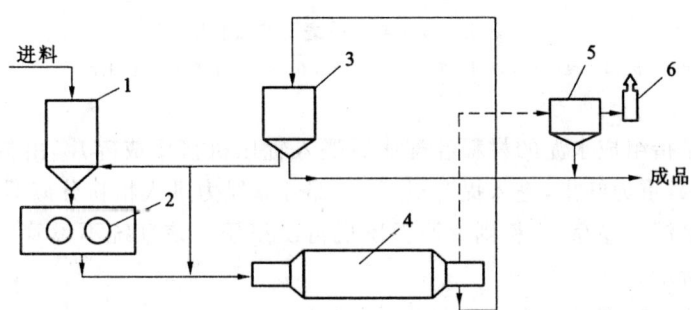

图 5.1.6 混合闭路粉磨工艺流程图
1—喂料机；2—辊压机；3—选粉机；4—磨机；5—收尘器；6—排风机

（3）联合粉磨工艺

联合粉磨工艺是将辊压机和打散分级机构成闭路系统，辊压机挤压后的物料（包括料饼和边部漏料）先送入打散分级机打散分选，小于一定粒径（<3 mm）的半成品送入球磨机粉磨，而

分选出来的粗粉重新返回料仓与新进物料再次被辊压机挤压。打散分级机可连接闭路管磨系统，也可连接开路管磨系统。联合粉磨工艺流程如图5.1.7所示。

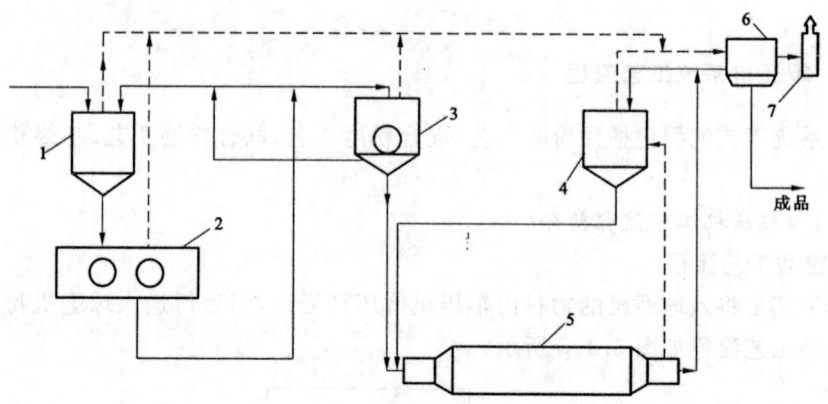

图5.1.7 联合粉磨工艺流程图

1—喂料机；2—辊压机；3—打散分级机；4—粗粉分离器；5—磨机；6—收尘器；7—排风机

（4）半终粉磨工艺

半终粉磨工艺是将物料经辊压机挤压后，经打散分级机分选，粗颗粒返回辊压机重新挤压，半成品与球磨机出磨的物料一同进入选粉机分选。水泥成品由两部分构成：一部分由辊压机和选粉机产生；另一部分由球磨机和选粉机产生。半终粉磨工艺流程如图5.1.8所示。

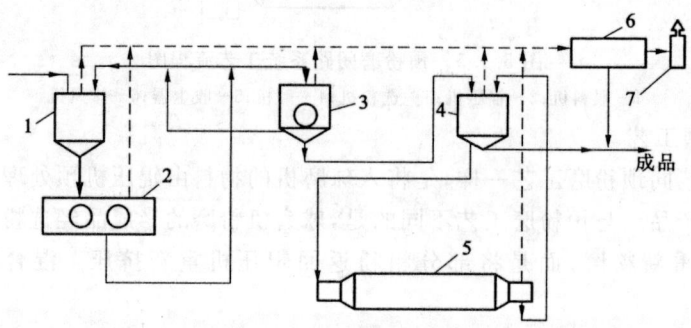

图5.1.8 半终粉磨工艺流程图

1—喂料机；2—辊压机；3—打散分级机；4—选粉机；5—磨机；6—收尘器；7—排风机

（5）终粉磨工艺

终粉磨工艺是指组成水泥的材料经配比后喂入辊压机挤压成碎片，由打散分级机打散粉碎后，其中一部分靠重力卸出，进入提升机，另一部分靠风力进入粗粉分离器，再经过选粉机选出合格的细粉入水泥库储存，粗粉则返回辊压机再次挤压。该系统不设管磨机。终粉磨工艺流程如图5.1.9所示。

本项目是以联合粉磨工艺流程为例进行说明的。

1.2.1.2 辊压机联合粉磨工艺流程

辊压机联合粉磨工艺流程如下：熟料、石膏经电子皮带秤配料，通过皮带机、提升机、料仓喂入辊压机。出辊压机物料经分料阀分离后，中间料（细料）喂入磨机，边料（粗料）返回辊压机（提升机提入料仓）进行再次辊压。粉磨后的物料由磨尾斜槽卸出，通过提升机、斜槽喂入高效选粉机（较细的颗粒直接随出磨气体提升到选粉机内）。选粉机分离出的粗粉，通过皮带机再

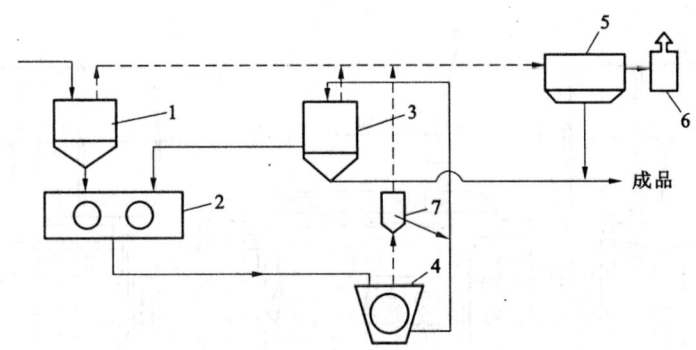

图 5.1.9 终粉磨工艺流程图

1—喂料机;2—辊压机;3—选粉机;4—打散分级机;5—收尘器;6—排风机;7—粗粉分离器

喂入磨头再次粉磨;出选粉机的带料气体,经袋式收尘器过滤出成品水泥,经输送储存于水泥库内,废气由主排风机排入大气。为保护辊压机的压辊不受损坏,在辊压机前提升机进、出口皮带上分别设有电磁吸铁器及金属探测仪,以防止铁件、金属件进入辊压机。

1.2.2 辊压机系统主要控制参数

1.2.2.1 辊压机系统主要检测参数

① 磨音(电耳);
② 提升机功率;
③ 出磨气体温度;
④ 出磨气体压力;
⑤ 袋式收尘器进、出口压差;
⑥ 选粉机进口温度;
⑦ 选粉机转速;
⑧ 排风机进口气体压力;
⑨ 选粉机粗粉回料量;
⑩ 产品的质量(细度、比表面积)。

1.2.2.2 辊压机系统主要调节参数

① 喂料量;
② 排风机阀门开度;
③ 选粉机一次风冷风阀开度(现场手动调节);
④ 选粉机转速。

1.2.3 辊压机系统主要设备

1.2.3.1 辊压机

(1) 辊压机结构

辊压机主要由两个辊子和一套产生高压的液压系统构成,主要包括压辊轴系、传动装置、主机架、液压系统、进料装置等,如图 5.1.10 所示。

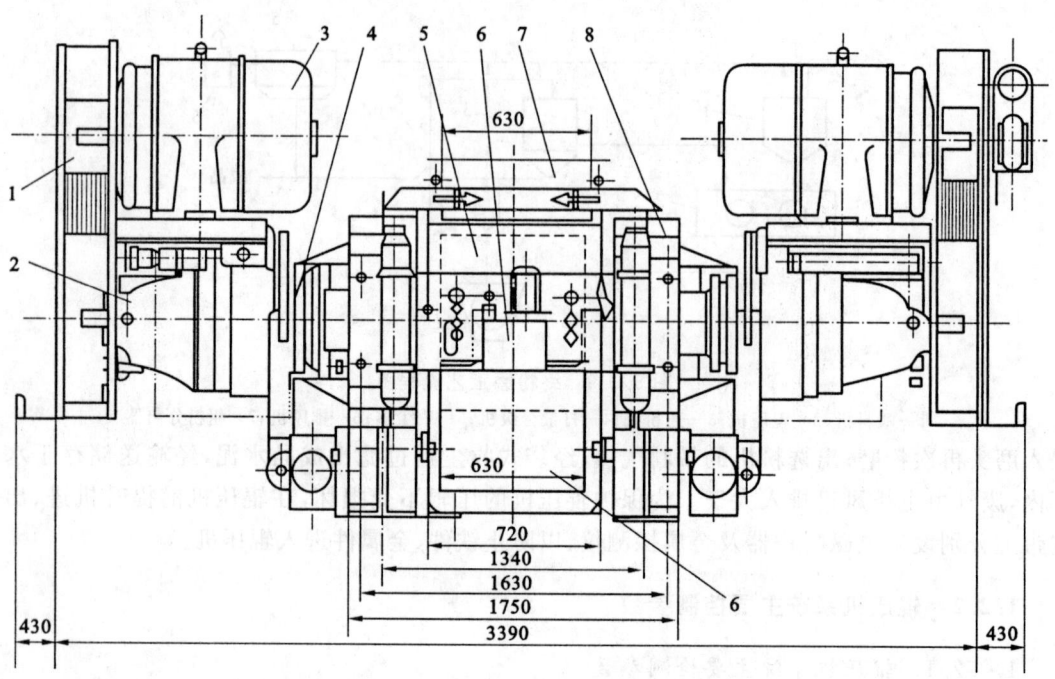

图 5.1.10 洪堡公司 RPV100-63 型辊压机

1—带传动；2—行星减速机；3—主电动机；4—扭矩支承装置；5—压辊轴系；6—主机架；7—液压系统；8—进料装置

在运转过程中，两个辊子必须保持平行，以便使物料均匀受压，这对保证辊压机的正常作业是十分重要的。在辊轴两端装有调心滚动轴承。一个辊子用螺栓固定在机架上，另一个辊子的轴承装在滑块上，以便按喂料量和物料性质随时调节辊子间的间隙。粉磨压力由液压系统通过滑块施加给活动辊。在液压系统中，有压力缓冲保护装置，若在喂料中混有铁块等硬物时，可以使活动辊瞬时退回到原来的位置，这时两辊的间隙加大，可放走铁件，保护设备不受损伤。辊子间隙靠位移传感器检测控制。辊轴通水冷却，采用电控集中润滑。

（2）辊压机粉碎原理

物料的粉碎过程如图 5.1.11 所示，物料从两辊间的上方喂入，随着辊子的转动向下运动，进入辊间的缝隙内。在 50～300 MPa 的高压作用下，物料受挤压形成密实的料床；物料颗粒内部产生强大的应力，使颗粒产生裂纹，有的颗粒被粉碎，从辊压机卸出的物料形成了强度很低的料饼；这些料饼机械强度低，手搓即碎，经打散机打碎后，粒度在 2 mm 以下的占 80%～90%，其中粒度在 80 μm 以下的占 30% 左右。

为保护辊压机的压辊不受损坏，在辊压机前提升机进出口皮带上分别设有电磁吸铁器及金属探测仪，以防止铁件、金属件进入辊压机。

（3）辊压机特点

辊压机的辊压方式与辊式破碎机相似，其根本区别在于前者辊子间的压力远大于后者，因此，经辊压机处理过的物料所含的细粉量远比辊式破碎机多。

辊压机与球磨机相比有如下特点：

① 粉磨效率高，增产节能。在球磨机中物料受到的是压力和剪力，是这两种力的综合效应。在辊压机中，物料基本上只受压力。试验表明，在颗粒物料的破碎过程中，如只施加纯粹的压力所产生的应变相当于剪力所产生的应变的 5 倍。

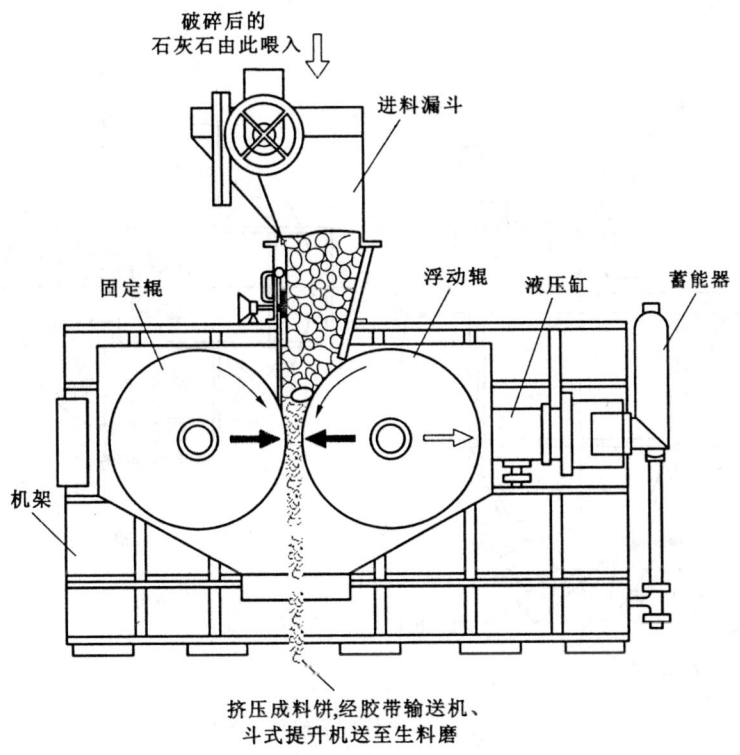

图 5.1.11 辊压机物料的粉碎过程

② 噪音低。球磨机噪音在 110 dB 以上,而辊压机约为 80 dB。

③ 体形小,质量轻,占地面积小,安装容易,甚至可以整体安装。

由于辊压机辊子作用力大,因此辊压机存在辊面材料脱落及磨损、轴承容易损坏、减速齿轮易过早溃裂等问题。此外,辊压机系统对工艺操作过程要求严格,如要求喂料料柱密实、充满,并保持一定的喂料压力,回料量控制要恰当,粉磨工艺系统配置要合适,否则它的优越性就很难发挥出来。

1.2.3.2 打散分级机

(1) SF 打散分级机

SF 打散分级机是辊压机联合粉磨系统中的关键设备,是集打散、分级于一体,兼有烘干功能的设备,如图 5.1.12 所示。它是应用离心冲击破碎原理对挤压后的片状物料进行打散的,并应用惯性和空气动力对打散后的物料进行分级,如要烘干可将热风引入分级区,使之在分级过程中对物料进行烘干。打散分级机既控制细粉入磨粒度均匀,又将粗颗粒返回辊压机,促进辊压机稳定运行,使辊压机联合粉磨系统得以大幅度提高产量,降低电耗。

(2) V 型静态选粉机

V 型静态选粉机是一种静态两相流折流装置,兼具打散、分离、选粉等多种功能,结构简单(见图 5.1.13),无回转运动部件,物料靠重力下落,在选粉机内被阶梯式导流板冲散,带料气流进入磨机的选粉机被分选。该机完全靠风力提升、输送,分级精度高,但电耗也高。此类型的选粉机本身对料粉细度无法调节,半成品细度通过风量来调节,风速降低,半成品变细。因此,风机的选型(风量、风速)和控制至关重要。V 型选粉机与辊压机组成粗料循环闭路系统,可提高辊压后的料饼质量,但要求辊压机的磨辊长径比大,并采用低压大循环的操作方式。

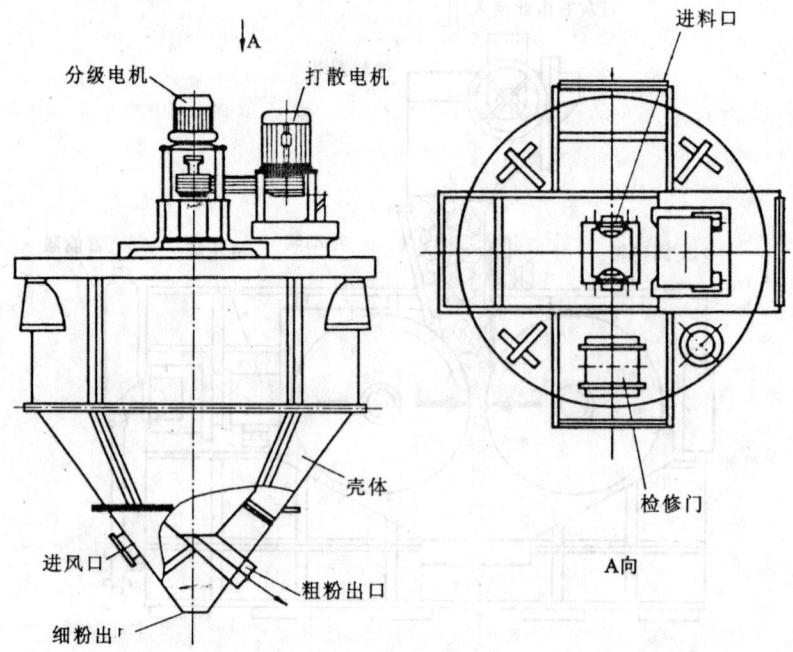

图 5.1.12 SF 打散分级机示意图

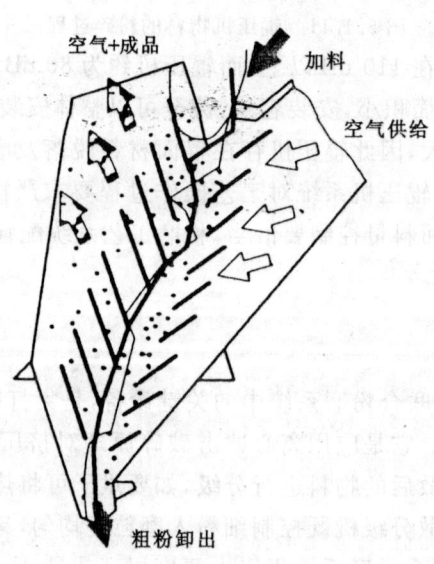

图 5.1.13 V 型静态选粉机示意图

任务 2　水泥制成系统开停车操作

任务描述：通过对水泥制成系统正常开、停车和事故停车等知识的学习，使学生具备中控操作员应有的对水泥制成系统正常开、停车和事故停车的能力。

知识目标：掌握水泥制成系统开车前的检查与准备知识，掌握管磨水泥制成系统和辊压机水泥制成系统的正常开、停车和事故停车操作。

能力目标：通过本任务的学习，能够准确表述开、停车注意事项，能通过仿真系统完成水泥制成系统开、停车操作。

2.1　水泥制成系统开车前的检查与准备

水泥制成系统的全部设备，在启动前都应做认真的检查和调整工作。

2.1.1　现场设备的检查

（1）润滑设备和润滑油量的检查及调整

润滑油量应达到设备的要求，既不能过多，也不能过少。油量过多，会引起设备发热；油量过少，设备会因缺油而损坏。另一方面，要定期检查、补充、更换润滑油。用油的品种、标号不能错，而且要保证油中无水及其他杂质。

润滑设备和润滑油量检查的主要项目有以下几点：

① 水泥磨主轴承稀油站的油量要适当，油路要畅通。
② 水泥磨减速机稀油站的油量要适当，油路要畅通。
③ 所有设备的传动装置，包括减速机、电动机等润滑点要加好油。
④ 所有设备轴承、活动部件及传动链条等部位要加好油。
⑤ 所有电动执行机构要加好油。
⑥ 检查油质是否变劣，确定是否换油。
⑦ 检查箱（机）底部所有放油（水）孔，拧紧堵孔螺栓。

（2）设备内部、人孔门、检查门的检查及密封

在设备启动前，要对设备内部进行全面检查，清除安装或检修时掉在设备内的杂物，以防止设备运转时卡死或损坏设备，造成不必要的损失。在设备内部检查完后，应将所有的人孔门、检修门严格密封，防止生产时漏风、漏料及漏油等。

（3）闸门

各物料定量给料机进口棒闸要全部开到适当的位置，保证物料的畅通。

（4）重锤翻板阀的检查与调整

所有重锤翻板阀要根据磨机不同负荷进行调整，重锤位置调整要适当，使翻板阀受到适当的力时能自动灵活地打开，松手后能关闭严密。

（5）所有阀门的开闭方向及开度的确认

① 所有的手动阀门在设备启动前，首先要确认开关位置，并做开关位置标志，然后打到适当的位置。

② 所有的电动阀门，首先在现场确认开关位置、运转是否灵活、阀轴与连杆是否松动，然后由中央控制室进行遥控操作，确认中控与现场的开闭方向是否一致，开度与指示是否准确。

如果阀门带有限位开关,还要与中控室核对限位信号是否有返回。

(6) 冷却水系统的检查

冷却水系统对设备保护是非常重要的。在设备启动前应检查冷却水系统管路阀门是否已打开,水管连接部分要保证无渗漏,特别是对于磨机主轴瓦和润滑系统的油冷却器,不能让水流到油里去。对冷却水量要进行合理的控制。水量过小,会造成设备温度上升;水量过大,会造成不必要的浪费。

(7) 设备的紧固检查

检查设备的紧固情况,如磨机的衬板螺栓、磨内螺栓、基础地脚螺栓、提升机链斗固定螺栓等不能出现松动。另外,对于设备的传动易松部位,都要进行严格的检查。

(8) 压缩空气的检查

检查各用气点的压缩空气管路是否能正常供气,压缩空气压力是否达到设备要求,管路内是否有铁锈等杂物,若有需清理。

2.1.2 现场仪表的检查

现场设有许多温度、压力及料位仪表,可以帮助有关人员及时了解设备的运行状态。在开车前,对现场仪表要进行系统的检查,并确认电源已供上及有指示。如果与中控有联系,还要与中控人员联系,核实联系信号的准确性。

2.1.3 水泥库进料前的检查

水泥库进料前必须进行认真的检查,若有问题,应彻底解决,以免造成水泥库进料后产生问题,难以处理。水泥库进料前的检查项目如下:

① 库内充气箱采用涤纶织物作为透气层,很容易造成机械损伤、焊渣烧坏、长期受潮使强度下降等,因此必须认真检查透气层是否有破损及小风洞,箱体边缘是否有漏气,以免进料后,充气箱透气层因损坏而进料,使充气箱无法充气。

② 水泥库内各管道接头、焊缝处,要用肥皂水检查是否有漏气,以免进料回流到罗茨鼓风机内,造成转子损坏。

③ 确认充气箱和管道是否固定牢固,箱底与基础间接触是否整合,以免进料后因受力不均而变形,造成管道漏气。

④ 水泥库内进人检查时要穿软底鞋,库内、库顶施焊时,应用石棉板覆盖充气箱,或在库底铺一层水泥或细砂覆盖充气箱,以免烧坏透气层。

⑤ 水泥库底板预留有管道孔洞,在管道安装后应用钢板焊死,孔隙应用混凝土浇注。

⑥ 施工后,水泥库内比较潮湿,进料后,水泥会黏结在水泥库壁或结块,影响水泥的顺畅出料。因此,必须确保水泥库顶及库壁不能渗漏水,在水泥库进料前应启动库底罗茨风机向库内充气,直至库内不再潮湿。充气时应打开各人孔门。

⑦ 检查管道布置是否与设计一致。

⑧ 检查完成后,务必清除库内杂物,如砖石、钢丝、棉纱等。

⑨ 密封库侧人孔门,不得漏料。

⑩ 检查库底罗茨风机出口安全阀是否能按要求泄气。

以上各项工作完成后,系统启动前的准备工作即完成。此时可以根据实际情况,启动其他所有设备。

2.2　水泥制成系统正常开停车

2.2.1　管磨系统正常开停车

2.2.1.1　管磨系统正常开车操作

① 中控操作员确认现场除磨主机外一切设备都备妥,通知空压机站供风,并与现场岗位工联系,检查未备妥的设备。

② 按化验室通知入库进行库选,打开相应的库顶收尘器,并通知库顶工核实。注意生产中不得切换库顶双路阀门。

③ 通知现场单仓泵工确认进气压力达到 4.5 kgf/cm^2,并手动送泵 2～3 次。

④ 选择油泵系统,若室温低于 10 ℃时,应提前 2 h 通知现场磨工启动加热器,注意温度不得超过 50 ℃,并注意观察各油压情况。

⑤ 操作前关闭所有电动阀门。

⑥ 启动收尘及回灰组,注意观察电流情况。

⑦ 启动选粉机组及提升机组,注意观察电流情况。

⑧ 正常后,按次序打开阀门,提高选粉机转速,并观察工况是否稳定。

⑨ 通知现场巡检工慢转磨机,确认中空轴已带油后,磨主机备妥。

⑩ 启动磨主机,注意观察电流的变化情况。

⑪ 15 min 内启动喂料机组,按指标调整物料配比,按磨音、提升机功率调整喂料量,并调整参数状态。

⑫ 非紧急情况不得按紧急按钮。

⑬ 通知调度、化验室磨主机运行。

⑭ 视具体情况,通知现场启动磨内喷水。

⑮ 开车正常后,及时与化验室联系并调整参数,保证细度、混合材、SO_3 控制在正常范围之内,在保证质量的前提下,提高台时产量,降低消耗。

⑯ 及时观察各设备的电流情况,并与岗位工保持联系,保证设备正常运转。

2.2.1.2　管磨系统正常开车顺序

正常的开车顺序是逆流程开车,即从进水泥库的最后一道输送设备起顺序向前开,直至开动磨机后再开喂料机。应注意在开动每一台设备时,必须等前一台设备运转正常,再开下台设备。开车前的准备工作完成后确保正常无误,磨机启动时先启动减速机和主轴承的润滑油泵及其他润滑系统。

管磨系统的正常开车顺序如下:磨机润滑油泵机组启动→单仓泵组启动→启动收尘组→选粉机组启动→提升机组启动→磨机组启动→喂料组启动→根据品质部的要求调整各物料的比例并设定喂料量→系统稳定后,注意观察系统的各个环节,勤与现场联系,精心调整,使磨处于最佳的工作状态。

2.2.1.3　管磨系统正常停车操作

① 人工手动将喂料量拨至零位,确认止料,停喂料系统。

② 止料后 10～15 min 停磨主机,通知现场慢转,严格执行间隔时间,每次运转半圈。

③ 适当关小磨尾排风机开度至 10%～30%。
④ 15 min 后停提升机组。
⑤ 将选粉机调速表恢复零位,关闭循环风机阀门,停选粉机机组。
⑥ 30 min 后停收尘及回灰组,并关闭各电动阀门。
⑦ 通知现场单仓泵仓满指示机构,手动送泵 3～5 次。
⑧ 停库顶系统,通知空压机停。
⑨ 停稀油站,备用油泵自动开泵,延续 48h。
⑩ 与调度、化验室联系,告知磨主机系统停车。

2.2.1.4 管磨系统正常停车顺序

管磨系统的正常停车顺序如下:确认停车范围、停车时间及停车原因→将喂料量设定值降到"0"→确认磨机处于低负荷运转→磨机组停磨,主电机停车,磨机轴承的高压油泵自动启动→合上辅助传动离合器,用辅助传动间隔慢转磨机→出磨收尘器组停车(慢慢关闭排风机进口阀门)→提升机组停车→选粉机组停车→单仓泵组停车→水泥磨稀油站组停车。

停车后的注意事项如下:
① 停车前要做好上、下工序的联系和确认;
② 在停车前必须将物料处理干净;
③ 停车后要全面检查,发现问题及时处理,为下次开车做好准备。

2.2.2 辊压机系统正常开停车

2.2.2.1 辊压机系统正常开车操作

① 确认水泥制成系统运转前的准备工作已完成;与化验室联系,确认喂料配比和水泥进库号;确认压缩空气站已正常运转。
② 确认辊压机运转前的准备工作已完成。
③ 确认阀门的位置。
④ 启动辊压机润滑系统组(选择要启动的油泵、启动液压油站、启动干油润滑系统、启动辊压机主减速机稀油站),注意油压和供油情况。
⑤ 与现场联系确认选择的油泵管路阀门是否打开,检查油箱的油温,如油温低,稀油站油箱要加热。
⑥ 启动磨机润滑系统(选择要启动的油泵、启动磨机滑履轴承稀油站、启动主减速机稀油站、启动主电机稀油站、滑履轴承低压油泵运行正常后自动启动滑履轴承高压油泵),注意油压和供油情况。
⑦ 启动选粉机润滑系统(选择要启动的油泵、启动选粉机稀油站),注意油压和供油情况。
⑧ 启动水泥磨机收尘系统组(启动排风机、启动斜槽风机、启动气箱脉冲收尘器),调节排风机进口阀门开度至合适位置,注意观察风机轴承温度和电流以及气箱脉冲收尘器料斗料位信号。
⑨ 启动出磨物料选粉及循环输送组(启动斜槽风机、启动选粉机、启动斜槽风机、启动斗式提升机、启动斜槽风机),调节排风机进口阀门开度至合适位置,注意观察风机轴承温度和电流。
⑩ 启动水泥磨组,注意启动电流及磨音,如果磨机一次未启动,进行检查后再进行第二次

启动,两次启动间隔时间不少于 40 min。

⑪ 启动辊压机系统组(确认电动三通打向辊压机系统、启动斜槽风机、启动循环风机、启动金属探测仪、启动带式输送机、启动斗式提升机、启动辊压机、启动气动平板闸阀),调节排风机进口阀门开度至合适位置,注意观察风机轴承温度和电流以及斗式提升机电流。

⑫ 启动水泥配料输送组(启动单机收尘器、启动除铁器、启动带式输送机、启动定量给料机),根据化验室要求设定原料配比,根据斗式提升机电流及磨音随时调整喂料量,注意单机收尘器应单独启动。

⑬ 系统稳定后,投入自动调节回路。

2.2.2.2　辊压机系统正常开车顺序

辊压机系统正常的开车顺序是逆流程开车,即从进水泥库的最后一道输送设备起顺序向前开,直至开动磨机后再开喂料机。

辊压机系统的正常开车顺序如下:确认系统准备工作已完成→辊压机润滑系统组启动→磨机润滑系统启动→选粉机润滑系统启动→水泥成品输送组启动→水泥磨机收尘系统组启动→出磨物料选粉及循环输送组启动→水泥磨组启动→辊压机系统组启动→水泥配料输送组启动→系统稳定后,投入自动调节回路。

应注意在开动每一台设备时,必须等前一台设备运转正常后,再开下台设备。开车前的准备工作完成并确保正常无误后,应首先启动减速机和主轴承的润滑油泵及其他润滑系统。

2.2.2.3　辊压机系统正常停车操作

① 将调节回路改为手动。

② 将系统喂料量给定值降到"0",慢慢减小循环风机、排风机进口阀门开度。

③ 根据斗式提升机电流下降、辊压机电流下降及磨音高、选粉机电流下降,确认磨机处于低负荷运转状况。

④ 水泥配料输送组停车(定量给料机停车、延时 25 s 停带式输送机、停除铁器、停单机收尘器)。

⑤ 辊压机系统组停车(当称重仓中的物料量降至 5 t 左右时停气动平板闸阀、停辊压机,延时 50 s 停斗式提升机,延时 10 s 停带式输送机、停金属探测仪、停循环风机,延时 5 s 停斜槽风机),关闭风机进口阀,卸空输送设备上的物料。

⑥ 水泥磨停车前先给一个预停磨信号,自动启动滑履轴承高压油泵,待高压油泵启动正常后,才停磨机主电机。

⑦ 合上离合器(机旁操作),用辅助传动间隔慢转磨机。

⑧ 出磨物料选粉及循环输送组停车(停斜槽风机、延时 30 s 停斗式提升机、延时 5 s 停斜槽风机、停选粉机、延时 55 s 停斜槽风机)。

⑨ 水泥磨机收尘系统组停车(停气箱脉冲收尘器、停斜槽风机、停排风机),关闭风机进口阀,卸空输送设备上的物料。

⑩ 选粉机润滑系统停车。

⑪ 在磨机慢转停止,且磨机筒体温度接近环境温度时,磨机润滑系统停车。

⑫ 辊压机润滑系统停车。

⑬ 水泥磨系统停车后,要对系统进行全面检查及检修。

2.2.2.4 辊压机系统正常停车顺序

辊压机系统的正常停车顺序如下：将调节回路改为手动→将系统喂料量给定值降到"0"，慢慢减小循环风机、排风机进口阀门开度→确认磨机处于低负荷运转→水泥配料输送组停车→辊压机系统组停车→水泥磨停车→用辅助传动间隔慢转磨机→出磨物料选粉及循环输送组停车→水泥磨机收尘系统组停车→水泥成品输送组停车→选粉机润滑系统停车→磨机润滑系统停车→辊压机润滑系统停车→水泥磨系统停车后，要对系统进行全面检查及检修。

停车后的注意事项如下：
① 停车前要做好上、下工序的联系和确认；
② 在停车前必须将物料处理干净；
③ 停车后要全面检查，发现问题及时处理，为下次开车做好准备。

2.2.3 水泥制成系统故障停车和紧急停车

在设备运行过程中，由于设备突然发生故障、电机过载跳车、现场停车按钮误操作等原因，系统中的全部或部分设备会联锁停车。另外，在紧急情况下，为了保证人身和设备的安全而使用紧急停车时，也会使整个系统联锁停车。为了保证设备能顺利地再次启动，必须采取必要的措施。

2.2.3.1 设备突然停车时的基本程序

① 马上停掉与停车设备有关的部分设备。为防止喂料计量仓料满，应迅速将气动分料阀打到旁路至磨机入口，并降低喂料量。
② 为防止磨机变形，应尽快恢复稀油站组设备的运行。
③ 尽快查清原因，判断能否在短时间内（30 min）处理完毕，以决定再次启动时间，并进行相应的操作。

2.2.3.2 设备紧急停车操作程序

当出现紧急情况时，需要系统全部停车。设备紧急停车后，应对喂料量设定值、供油压力、阀门位置和开度等进行调整。故障排除后，应及时恢复系统运行。

处理完紧急情况，再次启动时需注意：由于系统在紧急情况下停车，各设备内积存有物料，因此再次启动时，不能像正常情况那样立即喂入物料，要在设备内物料输送完后，才能开始喂料。

任务3　水泥制成系统正常运行操作

任务描述：熟悉水泥制成系统各控制参数，通过学习能进行水泥制成系统正常运行操作。
知识目标：掌握水泥制成系统控制参数正常范围值及调控方法。
能力目标：能进行水泥制成系统的正常运行操作。

3.1　水泥制成系统操作基本原则

① 喂料量要均衡稳定；
② 使操作曲线相对稳定；
③ 关注磨主机的电流；

④ 关注磨主机的功率；
⑤ 关注提升机电流；
⑥ 关注提升机功率；
⑦ 关注系统各处的温度；
⑧ 关注系统各处的压力；
⑨ 稳定操作，优质高产。

3.2 水泥制成系统主要控制参数

3.2.1 管磨系统主要控制参数

管磨系统在生产中需要控制的参数很多，参数间的因果关联也比较紧密。这些参数包括检测参数和调节参数。检测参数反映了其运行状态，检测参数的调整与控制是通过调节参数的调整来实现的。

管磨系统的主要操作控制参数与其生产能力大小、生产设备种类、工艺布置、生料性质、产品质量要求等有关，实际生产中以生产控制要求为准。表 5.3.1 所示为水泥制成管磨系统正常运行时的主要控制参数。其中 1~9 为检测参数，10~12 为调节参数。

表 5.3.1 水泥制成管磨系统主要控制参数

编号	控制点名称	最小值	正常值	最大值	单位
1	磨机电耳	0	55	100	%
2	磨机提升机功率	0	30	40	kW
3	磨机出磨气体温度	60	80	135	℃
4	磨机出磨气体压力	-2000	-1250	-500	Pa
5	磨机袋式收尘出口温度	50	80	120	℃
6	磨机袋式收尘出口压力	-7500	-6250	-500	Pa
7	磨机选粉机电机电流	0	160	236	A
8	磨机选粉机粗粉回料量	0	140	250	t/h
9	磨机主排风机电流	0	60	120	A
10	磨机喂料量	0	200	300	t/h
11	磨机排风机入口阀门开度	0	50	100	%
12	磨机选粉机转速	0	190	240	r/min

3.2.2 辊压机系统主要控制参数

辊压机系统在生产中需要控制的参数很多，参数间的因果关联也比较紧密。这些参数包括检测参数和调节参数。检测参数反映了其运行状态，检测参数的调整与控制是通过调节参数的调整来实现的。

辊压机系统的主要操作控制参数与其生产能力大小、生产设备种类、工艺布置、生料性质、产品质量要求等有关,实际生产中以生产控制要求为准。表5.3.2所示为水泥制成辊压机系统正常运行时的主要控制参数。其中1~13为检测参数,14~16为调节参数。

表5.3.2 水泥制成辊压机系统主要控制参数

编号	控制点名称	最小值	正常值	最大值	单位
1	磨机电耳	0	57	100	%
2	斗式提升机功率	0	55	70	kW
3	磨尾气体温度	60	100	150	℃
4	磨尾气体压力	−2000	−1200	−500	Pa
5	排风机入口温度	50	80	120	℃
6	排风机入口压力	−7500	−6300	−5600	Pa
7	选粉机入口温度	0	80	145	℃
8	选粉机入口压力	−2200	−1600	−500	Pa
9	选粉机出口温度	0	70	145	℃
10	选粉机出口压力	−2200	−1800	−500	Pa
11	选粉机功率	0	160	236	kW
12	选粉机粗粉回料量	0	230	500	t/h
13	主排风机电流	0	100	400	A
14	磨机喂料量	0	120	125	t/h
15	排风机入口阀门开度	0	50	100	%
16	选粉机转速	145	170	190	r/min

3.3 水泥制成系统正常运行控制

3.3.1 主要控制参数的调节

3.3.1.1 磨机喂料量的调节

均匀喂料是磨机优质、高产、低耗的有效途径。喂料量过少不仅会使产量降低,且单位产品的电耗、球耗会相应提高。若喂料量过多,如为闭路系统时则磨机负荷过大,影响选粉机的正常工作,同时还会使提升机等附属设备超负荷运行,反而会使产量下降、粉磨效率低或设备事故增加。

喂料量的调节主要依靠磨机电耳测得磨音强弱(第一位)来调整。当磨音下降,说明磨内料量大,应当减少喂料量;反之,则应增加喂料量。

一般将提升机功率作为第二位因素来调节磨机喂料量。功率上升,说明出磨料量大;反之,则料量小。因提升机功率大小与回磨的循环量大小有关,所以当磨音正常时,提升机功率虽然增大(只要不报警),但并不需要调整磨的喂料量。

3.3.1.2 排风量的调节

系统排风量大小直接关系到系统的稳定运转及磨机能力的发挥。

适当加大磨内通风可以冷却磨内物料,改善物料的易磨性;及时排出磨内水蒸气,降低糊球和篦子板堵塞现象;增加极细物料在磨内的流速,减少细粉的缓冲垫层作用,因而能提高粉磨产品的产质量。但如果风量过小,产量就会降低;风量过大,系统阻力就会加大,电耗增加,提升机、选粉机负荷均会增大。因此,应通过设在排风机前的阀门开度来调节系统的总风量,使各控制点的压力稳定在要求的范围内。

3.3.1.3 磨机出口压力

磨机出口压力反映磨内的通风阻力大小,即磨内通风量大小。负压大,通风量大,磨内风速高。

3.3.1.4 出磨气体温度

出磨气体温度的高低直接反映出磨内水泥温度的高低(其温度通常较气体温度低5~10 ℃)。水泥温度过高易造成石膏脱水,影响水泥性能。导致出磨气体、水泥温度高的主要因素有入磨熟料温度高、入磨气体温度高(尤其是夏季)、磨内通风量小等。此时应加大磨机的通风量,开大选粉机的一次风冷风阀。

3.3.1.5 选粉机的转速

选粉机转速高则水泥细度(比表面积)大,反之则小。

3.3.1.6 选粉机粗粉回料量

粗粉回磨量大小反映了磨机循环负荷的大小。粗粉回磨量大,磨机循环负荷高,产量高,能耗低;反之,产量低,能耗高。循环负荷大小主要依靠磨内通风量大小(即系统排风量大小)来调节。通风量大,循环负荷高;反之,则低。

3.3.2 管磨系统正常运行控制

3.3.2.1 控制磨音(电耳)

磨音的大小反映了磨内存料量的多少和磨机粉磨能力的大小。磨音过大,表明磨内物料量过少,即磨空,磨机的产量过低,消耗过大;磨音低沉,表明磨内物料量过多,粉磨能力不足,或饱磨。应根据入磨物料粒度、产品细度等及时调节喂料量,使磨内存料量稳定,确保磨音在要求的范围内。

3.3.2.2 控制压力

(1)磨机进、出口压差

磨机出、入口压差的大小反映了磨内物料量的多少、磨内是否发生堵塞及磨内通风量的大小等情况。压差过大,表明磨内物料量过多、磨内发生堵塞或磨内通风量过大。通常在各测点工作正常时,应依据不同的生产情况调节入磨物料量或系统排风机阀门开度。

(2)稳定磨机入口压力

入磨负压反映了磨内存料量、通风阻力、通风量等情况。入磨负压过低,磨内通风阻力大,通风量小,磨内存料量多;入磨负压过大,磨内通风阻力小,通风量较大,磨内存料量少。当入磨物料量、各测点压力、选粉机转速、系统排风机运转都正常时,入磨负压在正常范围内变化。通常通过调节磨内存料量或根据磨内存料量调节系统排风机入口阀门开度来控制入磨负压大小。

(3) 稳定收尘器出口气体压力

收尘器出口气体压力反映了在收尘器内气体通过时的阻力大小,可以反映出收尘器内部结构是否合理。若阻力过大,会加重排风机的负荷,严重时会影响磨内的通风效果,影响磨机产量。应合理布置收尘器的内部结构,发现阻力较大时应及时调整。

3.3.2.3 控制出磨气体温度

出磨气体温度的大小反映了磨机的烘干效果及喂料量的多少。气体的温度过低,磨机对磨内物料出磨的烘干效果差,出磨产品水分大;温度过高,会引起二水石膏脱水,造成水泥假凝现象。通常应根据出磨风温,及时调节喂料量或入磨风温及风量,使出磨风温稳定,确保出磨风温在 95 ℃左右。

3.3.2.4 控制出磨提升机功率

出磨提升机功率的大小反映了出磨物料量的多少。出磨提升机功率过大,出磨物料量过多,磨内粉磨能力不足;反之,出磨物料量过少,磨机磨音大,则可以判断是磨机喂料不足造成的。出磨提升机功率过大时,应降低喂料量。若提升机电流过小,磨音较大,则应增加喂料量,确保出磨提升机功率为正常值。

3.3.2.5 控制选粉机电流

选粉机电流的大小反映了出磨物料量的多少及选粉机上游设备的运转情况。选粉机电流过大,表明入选粉机的物料量过多;反之,入选粉机的物料量过少,其原因可能是出磨物料量少,也可能是选粉机前的设备出现堵塞或故障。通常应根据入磨物料粒度、易磨性等及时调节喂料量,使入选粉机物料量稳定,确保选粉机电流在要求的范围内。当选粉机电流过低时,应检查其上游设备情况。

3.3.2.6 控制出磨水泥细度

出磨水泥细度主要反映了选粉机工作情况的好坏及系统通风量的大小。在系统通风一定、各测点压力正常的情况下,水泥成品细度改变,表明选粉机转速发生变化或选粉机内部结构有损坏;若选粉机转速未发生变化,表明磨内通风量改变。通常应调节选粉机转速来控制出磨水泥细度;若是因系统通风量变化造成的水泥成品细度改变,则需调节系统排风机阀门开度。

3.3.3 辊压机系统正常运行控制

带辊压机的水泥磨系统的操作方法与管磨系统基本相同,其差异在于系统中增加了一台辊压机。辊压机操作控制项目中主要包括辊压力、辊缝、喂料量和循环量的控制。合理的辊压力是料床粉碎及节能的基础;辊缝的控制是辊压机能力的保证;循环负荷的合理取值是提高粉磨效率和设备稳定性的重要参数。

3.3.3.1 控制辊压力

辊压力是影响辊压机运行效果的一个主要参数。辊压力太小,不能发挥料层粉碎的优势,影响粉碎效率;辊压力太大,会增加辊子的磨损和故障率,并增加电耗。辊压机的挤压力是可调参数,操作时应根据被粉磨物料的粉磨性能合理选择,按设备运行状况进行调整。其选择原则是在满足挤压工艺性能的前提下,尽可能降低压力。操作人员可通过用手碾碎完整料饼,初步判断该压力是否合适。

3.3.3.2 控制辊缝

辊缝控制是辊压机控制系统的核心工作。在辊速不变的情况下,辊缝大,喂料量多,产量高。辊缝大小是否合理将直接影响到系统的正常运行和粉碎效果,正常辊缝一般为辊径的2.5%~3.5%。辊缝过大,活动辊压力会直接通过垫片传到固定辊上,而物料却得不到很好挤压,因此当辊缝大于设定值时需加压;辊缝太小,则会使辊压机振动。当辊缝出现偏差时,动辊两端要分别进行泄压、加压及保压操作,使辊缝平直。

3.3.3.3 控制循环负荷

辊压机的循环负荷为回辊压机的物料量(粗粉——由选粉机产生,料饼边料——由料饼形成,粗料——料饼去除细粉后形成)与辊压机新喂料量的比值。合适的循环负荷,有利于与入辊压机的新鲜喂料形成合理的粒度级配,提高料饼的密实性,改善辊压效果。如果回料量过多,会使入辊压机物料中的细粉量偏多,使物料很快通过辊压机,形不成密实料饼;而且会因回料中气体受压,向上溢出造成下料困难的局面;也易使挤压辊滑动,引起辊压机振动,使料饼循环量增大,造成能量浪费。作为预粉磨,辊压机粗粉循环负荷值一般取30%~40%。

3.3.3.4 控制振动

在正常情况下,浮动辊受进料粒度变化会产生正常的工作振动。

当粒径超出规定(进料粒径,宜小于0.03倍辊径或为3.5~4倍辊缝)时,造成料床不均匀,会加大振动量,也不利于物料咬入辊隙内;喂料仓离析引起的喂料粒度变化也会使辊压机振动加剧;若用于平衡物料运行中的扭矩的扭矩支承装置调节不当,也会引起机体振动。因此,要求辊压机喂料稳压仓的料柱大于1 m,喂料粒度要求95%以上应小于辊径的35%,个别大块不能大于辊径的5%,这样才能保证辊压机正常运行。

任务4 水泥制成系统常见故障处理

任务描述:根据水泥制成系统出现的故障进行分析判断,正确处理水泥制成系统的常见故障。

知识目标:掌握水泥制成系统常见故障的分析处理方法。

能力目标:能对仿真系统模拟的水泥制成系统故障进行准确的判断,并采取正确的方法处理故障。

4.1 管磨系统常见故障处理

4.1.1 喂料量异常处理

4.1.1.1 磨机喂料过量

现象:

① 磨音低沉,电耳记录值下降;

② 磨机电流变小;

③ 斗式提升机功率上升,粗粉回料量增加;

④ 磨机出口负压上升,压差增大;

⑤ 产量较高,细度粗;
⑥ 出磨气体温度降低;
⑦ 满磨时磨主电机电流下降。

处理方法:
① 斗式提升机功率变化时,应分析是由供料引起的还是由堵料引起的,确定之后再做处理;
② 降低喂料量,并在低喂料量的状态下运转一段时间,在各参数显示磨机较空时,慢慢地增加喂料量;
③ 注意观察,当各参数正常后稳定喂料量;
④ 降低喂料量,若不能改善磨况则停止喂料。

4.1.1.2 磨机喂料量不足

现象:
① 磨音清脆响亮,有电耳监控的磨机电耳音响上升;
② 磨机电流变大;
③ 斗式提升机功率降低,选粉机回料量减少;
④ 磨机出口负压变小,仓压下降;
⑤ 产量较低,细度细;
⑥ 出磨气体温度上升。

处理方法:慢慢地增加磨机的喂料量,直到各参数正常为止。

4.1.2 压力异常处理

4.1.2.1 磨尾负压偏高

现象:
① 入磨负压增大;
② 入磨负压降低。

原因分析:
① 磨尾拉风大;
② 磨内通风阻力大。通风阻力大的原因可能是磨内料量过多或发生堵塞。

处理方法:
① 降低磨尾拉风;
② 降低喂料量或停止喂料。

4.1.2.2 收尘器出口压力过高

现象:中控画面显示收尘器出口压力值偏高。

原因分析:
① 通风量过大;
② 收尘器内部结构不合理。

处理方法:
① 关小磨尾排风机入口阀门;
② 改善收尘器内部结构布置。

4.1.2.3 排风机入口压力过高

现象:中控画面显示排风板入口压力值偏高。

原因分析:

① 排风量过大,使磨尾风机入口负压过高;

② 磨尾收尘器有堵塞或通风阻力过大。

处理方法:

① 关小该风机入口阀门,降低其入口负压;

② 若为旋风筒有堵塞或收尘器内的通风阻力过大引起时(此时,收尘器出、入口压差比正常值高得多),应查明原因进行处理。

4.1.3 温度异常处理

4.1.3.1 出磨气体温度过高

现象:中控画面显示出磨气体温度值偏高。

原因分析:

① 入磨熟料温度高;

② 磨机通风量小;

③ 入料量小;

④ 研磨时间过长。

处理方法:

① 降低熟料温度;

② 加强通风。

4.1.3.2 循环风温度高

现象:温度仪指示循环风温度值高。

处理方法:增大选粉机冷风阀开度。

4.1.3.3 磨机主轴承温度过高

现象:仪表显示磨机主轴承温度过高。

原因分析:

① 轴瓦刮研不良,接触面精度达不到规定要求;

② 润滑油牌号选择不当或不足;

③ 冷却水不足或停止;

④ 润滑油使用时间过长,未能定期更换;

⑤ 传动不平稳,引起机体振动;

⑥ 超载运行。

处理方法:当发现磨机主轴承温度过高时,应立即停止主电机,开启辅助电机,使磨机缓慢转动。这样可避免中空轴与瓦衬之间的油膜被破坏,避免局部温度过高而化瓦。然后再分析具体原因,妥善处理。

4.1.3.4 磨机轴瓦温度过高

现象:磨机轴瓦温度显示偏高。

原因分析:

① 料温过高；
② 润滑油中断、不足或有水分及其他杂质；
③ 供油压力或温度异常；
④ 主轴承冷却水不足或水温太高。

处理方法：
① 降低入磨料温；
② 检查供油路、更换润滑油或清除油中的杂质；
③ 调整供油系统的压力和温度；
④ 检查轴承冷却水路或补充冷却水。

4.1.3.5 磨机减速机轴承温度高

现象：磨机减速机轴承温度显示偏高。

处理方法：
① 检查供油系统，看供油压力、温度是否正常，若不正常，进行调整；
② 检查润滑油中是否有水或其他杂质；
③ 检查冷却水系统是否运转正常。

4.1.4 电流异常处理

4.1.4.1 磨机主电机电流明显增大

现象：电流显示值明显增大或发生较大波动。

原因分析：
① 磨内掉隔仓板或掉衬板；
② 喂料量变化过大。

处理方法：
① 立即停磨检查并更换；
② 稳定喂料量。

4.1.4.2 磨机主排风机电流明显增大

现象：磨机主排风机电流显示值明显增大。

原因分析：
① 风机挡板失灵；
② 风机叶片变形；
③ 风机轴承有故障。

处理方法：
① 检查挡板是否失灵，并及时更换；
② 停车检修。

4.1.4.3 出磨提升机功率过大

现象：出磨提升机功率过大且伴随有
① 磨音低；
② 磨机电流较小；
③ 磨机出入口气体压差增大等现象。

原因分析：
① 喂料量过大；
② 喂料量没变，而回磨粗粉量增大，至使出磨物料量过大。
处理方法：
① 减少喂料量；
② 检查选粉机转速、系统拉风大小和入磨物料情况，并分别进行处理。

4.1.4.4 选粉机电机电流过高
现象：选粉机电机电流显示值明显增大。
原因分析：
① 选粉机转速过高；
② 风阀开度过大；
③ 入选粉机的喂料量过大；
④ 选粉机有异物卡住；
⑤ 选粉机轴承有故障。

处理方法：若判断为入选粉机物料量过多而引起选粉机电流过高时，应减少磨机喂料量，必要时可停止喂料，待磨音、磨机电流、出磨提升机电流、选粉机电流达到正常后再逐渐增加喂料量至正常值。若是其他原因引起的电流过高，应停车检查及处理。

4.1.5 回磨粗粉量异常处理

现象：回磨粗粉量过大且伴随有
① 出磨提升机电流过大；
② 细磨仓入口负压明显下降；
③ 出磨负压增大；
④ 进出磨压差增大。
原因分析：
① 选粉机转速过高；
② 磨尾拉风不足；
③ 选粉机转速和磨尾拉风都没变，而入磨物料粒度大、易磨性差且没有及时减少喂料量。
处理方法：
① 降低磨尾拉风；
② 降低喂料量或停止喂料。

4.1.6 水泥细度异常处理

4.1.6.1 水泥细度粗
现象：化验室检验报告显示水泥细度粗。
原因分析：
① 选粉机转速低；
② 系统通风大；
③ 磨机喂料量大，粉磨效果差；

④ 磨机隔仓板破损,磨内物料流速快;
⑤ 选粉机导向叶片磨损严重,选粉效果不好。

处理方法:
① 提高选粉机转速;
② 减小排风机挡板开度;
③ 适当减少喂料量;
④ 停磨补修;
⑤ 更换选粉机导向叶片。

4.1.6.2 水泥细度太细

现象:化验室检验报告显示水泥细度细。

原因分析:
① 选粉机转速太高;
② 系统通风小;
③ 磨机喂料量小。

处理方法:
① 降低转速;
② 开大系统排风机挡板,增大系统拉风;
③ 增加喂料量。

4.1.7 设备故障处理

4.1.7.1 一仓堵塞

现象:
① 磨音降低;
② 斗式提升机功率下降;
③ 粗粉分离出口负压上升;
④ 现场听磨音,二仓磨音很响。

处理方法:
① 降低或停止喂料并进行观察;
② 增大磨机通风量;
③ 如以上处理方法效果不好,停磨检查。

4.1.7.2 二仓堵塞

现象:
① 磨音低;
② 斗式提升机功率下降;
③ 粗粉分离出口负压上升;
④ 现场听磨音,二仓磨音很响。

处理方法:
① 降低或停止喂料并进行观察;
② 增加通风量;

③ 停止喷水；
④ 如上述处理方法效果不好，停磨检查。

4.1.7.3 隔仓板破损或倒塌
现象：磨音异常，从中控磨音记录上可以发现有刺状曲线，且有明显的峰值。
处理方法：立即停磨检查。

4.1.7.4 掉衬板
现象：
① 磨音记录曲线上有明显的峰值；
② 现场可听到明显的周期性冲击声；
③ 筒体衬板螺栓处冒灰较严重。
处理方法：立即停磨进行处理，并检查有没有被砸坏的地方。

4.1.7.5 选粉机速度失控
现象：
① 转速有明显的波动；
② 电流与速度指示不对应。
处理方法：
① 检查速度控制器是否失控；
② 停止选粉机上游设备，并进行检修处理。

4.1.7.6 选粉机斜槽堵塞
现象：
① 提升机功率急剧上升；
② 选粉机电流下降。
处理方法：现场确认后，立即停磨主机及提升机组，并进行检查处理。

4.1.7.7 斗式提升机断键
现象：
① 提升机功率指示为零；
② 提升机的电流小。
处理方法：立即停车进行修复。

4.1.7.8 斗式提升机掉斗子或斗子损坏
现象：斗式提升机功率呈周期性波动。
处理方法：
① 立即停止磨机和喂料输送组；
② 提升机采用慢转运行；
③ 打开提升机下部检查门，观察斗子运行情况。

4.1.7.9 进料系统发生故障
现象：
① 喂料皮带机跳停；
② 喂料秤跳停。
处理方法：

① 将喂料量设定为"0"；
② 必须在称重仓料位高于底限时恢复喂料,否则应按照正常停车顺序停车。

4.1.7.10 水泥入库输送设备之一发生故障

现象：
① 跳闸或现场停车；
② 润滑设备外联锁停车。

处理方法：
① 喂料量设定为"0"；
② 磨机慢转；
③ 进行检查处理。

4.1.7.11 排风机故障

现象：
① 系统设备跳闸或现场停车；
② 辊压机系统、磨机及水泥配料输送系统联锁停车。

处理方法：
① 将喂料量设定为"0"；
② 关闭排风机进口阀门；
③ 磨机慢转；
④ 进行检查处理。

4.1.7.12 气箱脉冲袋收尘器故障

现象：
① 跳闸或现场停车；
② 辊压机系统、磨机及水泥配料输送系统联锁停车；
③ 灰斗料位计长时间报警；
④ 通风量减少(糊袋、风机电机超载、电源断电)；
⑤ 脉冲阀工作失灵(空气压力降低、杂质堵塞、定时器失灵)；
⑥ 排气口有粉尘(滤袋破损、滤袋密封不严、进出口压差增大)。

处理方法：
① 将喂料量设定为"0"；
② 关闭排风机进口阀门,降低系统循环负荷；
③ 磨机慢转；
④ 进行检查处理；
⑤ 停机检查并清理滤袋或风机电机；
⑥ 检查压缩空气气源,清理脉冲阀；
⑦ 修补或更换滤袋,并重新密封滤袋。

4.2 辊压机系统故障处理

4.2.1 辊压机辊缝异常

4.2.1.1 辊压机辊缝过大

现象：
① 仪表显示辊缝过大；
② 在喂料量不变的情况下，恒重仓荷重逐渐下降，循环提升机电流增大。
处理方法：适当减小辊压机进料装置开度，从而使辊缝减小至 40 mm 左右，通过量减小。

4.2.1.2 辊压机辊缝过小

现象：
① 仪表显示辊缝过小；
② 辊压机频繁纠偏；
③ 在循环风机风门维持不变的情况下，仓压逐渐上升，循环提升机电流减小。
处理方法：适当加大辊压机进料装置开度，若辊缝无变化，停机时进行以下两项检查
① 检查侧挡板是否磨损，若已磨损，则更换侧挡板；
② 检查辊面磨损情况。

4.2.1.3 辊压机辊缝变化频繁

现象：位移传感器显示辊压机辊缝频繁变化。
处理方法：
① 检查辊面是否局部出现损伤，若已损伤应及时修复。同时检查除铁器及金属探测器是否正常工作。
② 观察辊压机进料是否出现时断时续，若进料不顺畅，应检查进料溜子及稳流仓是否下料不畅。

4.2.1.4 辊压机辊缝偏斜

现象：
① 位移传感器显示辊压机辊缝偏斜；
② 辊压机频繁纠偏。
处理方法：
① 观察辊压机进料是否出现偏斜，进料沿辊面是否粗粒不均，并及时对进料溜子进行调整；
② 检查侧挡板是否磨损，若已磨损，则更换侧挡板；
③ 观察左、右侧压力是否补压频繁，检查液压阀件。

4.2.2 辊压机温度异常

现象：辊压机轴承温度显示报警。
处理方法：
① 检查轴承运转是否正常，若声响较大，检查轴承是否加入了足够的润滑油以保证轴承

润滑；

② 检查冷却水系统，看管路阀是否打开。

4.2.3 辊压机电流异常

4.2.3.1 辊压机传动主电机电流过高

现象：

① 辊压机传动主电机电流指示偏高；

② 供油压力偏高。

处理方法：

① 降低供油压力；

② 降低喂料量。

4.2.3.2 辊压机传动主电机电流过低

现象：

① 辊压机传动主电机电流指示偏低；

② 供油压力偏低。

处理方法：

① 增加供油压力；

② 增加喂料量。

4.2.4 辊压机进出料异常

4.2.4.1 辊压机通过量偏高

现象：

① 统一喂料量不变的情况下，喂料计量仓料位逐渐下降；

② 辊压机辊缝偏大。

处理方法：

① 降低辊压机喂料调节板的高度，减少喂料量；

② 减小辊缝。

4.2.4.2 辊压机通过量偏低

现象：

① 统一喂料量不变的情况下，喂料计量仓料位逐渐升高；

② 辊压机辊缝偏小。

处理方法：

① 提高辊压机喂料调节板的高度，增加喂料量；

② 加大辊缝。

4.2.4.3 料饼循环量偏大

现象：水泥磨部分喂料量不足。

处理方法：调节分料阀，减少边料循环。

4.2.4.4 料饼循环量偏小

现象：水泥磨部分喂料量过大。

处理方法：调节分料阀，增加边料循环。

4.2.5 辊压机振动异常

4.2.5.1 辊压机振动偏大

现象：
① 辊压机振动指示偏大；
② 现场确认振动偏大。

处理方法：
① 检查喂入辊压机的物料是否有大块而引起喂料不均，如果来料中有大块，应挑出。
② 挤压压力偏高，调节至适合的挤压压力。

4.2.5.2 辊压机振动瞬间偏大

现象：辊压机振动指示瞬间偏大，过后又振动正常。

处理方法：如果振动瞬间变大，应检查是否有金属通过，同时检查除铁器和金属探测器的工作情况。

4.2.6 设备故障处理

4.2.6.1 辊压机跳停

现象：
① 主电机电流超高高限急停；
② 主电机电流差超高高限急停。

处理方法：
① 检查进料装置是否开度过大；
② 若进料装置开度合适，可适当减小进料溜子上棒条闸门开度；
③ 打开辊压机辊罩检修门，检查是否有物料堵塞情况；
④ 检查侧挡板是否与电流高的辊轴有擦碰现象；
⑤ 检查进料调节板是否与电流高的辊轴有擦碰现象；
⑥ 检查辊面花纹是否已磨损，测量动定辊直径，若已磨损，进行辊面堆焊。

4.2.6.2 辊压机、磨机或减速机的润滑装置故障

现象：
① 油泵跳闸或现场停车；
② 油压过高或过低；
③ 辊压机系统、磨机及水泥配料输送系统联锁停车。

处理方法：
① 减小排风机进口阀开度，提高系统循环负荷；
② 将喂料量设定为"0"；
③ 对油泵和管路进行检查处理。

项 目 实 训

实训1　水泥制成系统开停车实训

项目描述：本实训项目是以新型干法水泥生产仿真系统为主要载体，通过操作练习，让学生根据水泥制成系统设备中管磨、辊压机系统工艺流程模拟按顺序启动和停止水泥制成系统设备的操作。

实训内容：

(1) 熟悉仿真系统的管磨及辊压机系统。

(2) 打开仿真系统，正常开机进入水泥制成系统，所有设备处于未开机状态。

(3) 将管磨、辊压机系统按顺序进行组启动，设备开车时注意设备之间的启动联锁、安全联锁及运行联锁。

(4) 将管磨、辊压机系统按顺序进行组停车，设备停车时注意停车联锁关系及注意事项。

实训2　水泥制成系统正常运行操作实训

项目描述：本实训项目是以新型干法水泥生产仿真系统为主要载体，通过操作练习，让学生学会水泥制成系统的正常操作。

实训内容：

(1) 管磨系统正常运行控制

① 控制磨音；

② 控制压力；

③ 控制出磨气体温度；

④ 控制出磨提升机电流；

⑤ 控制出磨水泥细度。

(2) 辊压机系统正常运行控制

① 控制辊压力；

② 控制辊缝；

③ 控制循环负荷；

④ 控制振动。

实训3　水泥制成系统常见故障处理实训

项目描述：本实训项目是以新型干法水泥生产仿真系统为主要载体，通过操作练习，让学生学会对水泥制成系统中出现的故障进行分析，并对出现的故障进行处理。

实训内容：

(1) 管磨系统常见故障处理

① 喂料量异常处理；

② 压力异常处理；

③ 温度异常处理；

④ 电流异常处理；

⑤ 回磨粗粉量异常处理；

⑥ 水泥细度异常处理；

⑦ 设备故障处理。
(2) 辊压机系统故障处理
① 辊压机辊缝异常处理；
② 辊压机温度异常处理；
③ 辊压机电流异常处理；
④ 辊压机进、出料异常处理；
⑤ 辊压机振动异常处理；
⑥ 设备故障处理。

思 考 题

1. 简述水泥制成系统的工艺流程。
2. 辊压机的工作原理是什么？
3. 辊压机有什么特点？
4. 简述水泥制成管磨系统正常的开停车顺序。
5. 简述水泥制成辊压机系统正常的开、停车顺序。
6. 简述水泥制成系统开车前的检查准备工作。
7. 水泥制成管磨系统主要控制参数有哪些？
8. 水泥制成辊压机系统主要控制参数有哪些？
9. 如何判断磨机喂料量是否过量？
10. 出磨气体温度过高的原因是什么，应如何处理？
11. 磨机主电机电流大的原因是什么，应如何处理？
12. 收尘器出口压力过高的原因是什么，应如何处理？
13. 辊压机振动过大时应如何处理？
14. 辊压机跳停的原因是什么，应如何处理？
15. 调节喂料量的依据是什么？

项 目 小 结

水泥制成操作主要介绍水泥制成管磨、辊压机系统的工艺流程、控制参数、主要设备，水泥制成系统的正常开、停车和故障停车操作，正常运行操作，常见故障及处理；通过认真系统的实训能使学生对所学的理论知识进一步巩固，并把所学的理论运用于实践中，并对中控（水泥制成系统）有更全面的了解，为今后到水泥厂进行中控操作打下基础。

完成项目评价

项目名称:水泥制成操作	评价内容	评价分值
任务1 水泥制成系统运行准备	能绘制出水泥制成管磨、辊压机系统的工艺流程图并标出设备名称及重点控制参数,说明设备的作用	20
任务2 水泥制成系统开停车操作	能通过仿真系统完成水泥制成管磨、辊压机系统开、停车操作	25
任务3 水泥制成系统正常运行操作	能够准确描述水泥制成系统的主要参数和控制指标,在仿真系统上通过调节喂料量、风量(风阀开度)、选粉机转速等参数实现水泥制成系统的稳定运行	25
任务4 水泥制成系统常见故障处理	能对仿真系统模拟的水泥制成系统温度、压力、电流、辊压、辊缝、细度等参数异常和磨况异常时的故障进行准确的判断,并能采取正确的方法处理故障	30

参 考 文 献

1　李海涛. 新型干法水泥生产技术与设备. 北京：化学工业出版社，2006.
2　李坚利，周惠群. 水泥生产工艺. 武汉：武汉理工大学出版社，2008.
3　芮君渭，彭宝利. 水泥粉磨工艺及设备. 北京：化学工业出版社，2009.
4　周正立，周君玉. 水泥粉磨工艺与设备问答. 北京：化学工业出版社，2010.
5　周正立，周君玉. 水泥熟料烧成工艺及设备问答. 北京：化学工业出版社，2010.
6　周正立，周君玉. 新型干法水泥生产附属设备操作问答. 北京：化学工业出版社，2010.
7　王君伟. 新型干法水泥生产工艺读本. 北京：化学工业出版社，2007.
8　刘建寿，赵红霞. 水泥生产粉碎过程设备. 武汉：武汉理工大学出版社，2005.
9　赵应武. 预分解窑水泥生产技术与操作. 北京：中国建材工业出版社，2004.
10　周国治. 水泥生产工艺概论. 武汉：武汉理工大学出版社，2005.
11　肖争鸣，李坚利. 水泥工艺技术. 北京：化学工业出版社，2006.
12　彭宝利. 水泥生产工艺流程及设备参考图册. 武汉：武汉理工大学出版社，2005.
13　胡佳山. 水泥中央控制室操作员. 北京：中国建材工业出版社，2006.
14　周惠群. 水泥煅烧技术及设备. 武汉：武汉理工大学出版社，2006.
15　谢克平. 水泥新型干法生产精细操作与管理. 北京：化学工业出版社，2006.
16　方景光. 粉磨工艺及设备. 武汉：武汉理工大学出版社，2002.
17　沈成，黄文熙. 水泥工艺学. 武汉：武汉理工大学出版社，1991.
18　杨玉波. 中控室操作员. 北京市建筑材料工业学校自编讲义.
19　徐秉德. 预分解窑操作的体会（一）. 水泥，2004（4）.
20　徐秉德. 预分解窑操作的体会（二）. 水泥，2004（5）.
21　徐秉德. 预分解窑操作的体会（三）. 水泥，2004（6）.
22　张根富. 新型干法窑中控操作要点及常见工艺故障处理. 新世纪水泥导报，2005（3）.
23　马保国，柯凯，钱方正，潘伟. 新型干法窑煅烧操作控制要点. 水泥工程，2006（5）.
24　天津诺迪亚中控操作系统使用说明书.